物理教学与培养学生创新能力

红 英 著

吉林科学技术出版社

图书在版编目（CIP）数据

物理教学与培养学生创新能力 / 红英著. -- 长春：
吉林科学技术出版社，2024. 6. -- ISBN 978-7-5744
-1428-0

Ⅰ. O4

中国国家版本馆 CIP 数据核字第 2024Z5L537 号

物理教学与培养学生创新能力

著	红 英
出 版 人	宛 霞
责任编辑	靳雅帅
封面设计	树人教育
制 版	树人教育
幅面尺寸	185mm × 260mm
开 本	16
字 数	250 千字
印 张	11.25
印 数	1~1500 册
版 次	2024年6月第1版
印 次	2024年12月第1次印刷

出 版	吉林科学技术出版社
发 行	吉林科学技术出版社
地 址	长春市福祉大路5788 号出版大厦A 座
邮 编	130118
发行部电话/传真	0431-81629529 81629530 81629531
	81629532 81629533 81629534
储运部电话	0431-86059116
编辑部电话	0431-81629510
印 刷	三河市嵩川印刷有限公司

书 号	ISBN 978-7-5744-1428-0
定 价	63.00元

前　言

　　近些年来，伴随着时代的发展以及人们整体生活水平的逐渐提升，人们对教育行业的具体要求也发生了较大变化，培养高素质综合型人才已成为当今时代的一个重要目标。新时期以来，以往的教学模式暴露出不少弊端。伴随着新课改的逐渐深入，很多学校以及教师开展实施教学改革，新型教学方法以及教学模式在物理教学当中非常适用，除能够激发初中生的学习兴趣之外，同时还能调动其学习热情，有效培养初中生的创新能力。基于此，本书旨在对物理教学中培养初中生的创新能力的策略展开探究，希望能对实际教学有所帮助。其内容从物理教学基础理论入手，介绍了物理课程论、国内外物理课程发展与改革、物理教学目标与课程标准，接着深入探讨了物理教学模式、物理教学模式创新，并分析了物理教学中学生创新能力的培养，最后对中职物理教学与学生能力培养进行了重点研究和总结。

　　本书在编写过程中参考借鉴了一些专家学者的研究成果和资料，在此特向他们表示感谢。由于编写时间仓促，水平有限，不足之处在所难免，恳请专家和广大读者提出宝贵意见，予以批评指正，以便改进。

目　录

第一章　物理教学基础理论

第一节　物理学的意义和价值

物理学是研究物质运动一般规律和物质基本结构的学科。作为自然科学的带头学科，物理学研究大至宇宙、小至基本粒子等一切物质最基本的运动形式和规律，是其他自然科学学科的研究基础。它运用数学作为自己的工作语言，以实验作为检验理论正确性的唯一标准，是当今最精密的一门自然科学学科。

一、物理学的意义

物理可以引导人们对生活中最基本的现象进行分析、理解和判断。比如，生活中最普通的物质——水，它结冰时，温度总是 0℃；沸腾时，温度总是 100℃。为什么吸管中的水会随着我们的吸力而上升？为什么在烧热的油锅内滴入水会产生剧烈的爆鸣？为什么热水在保温瓶中可以长时间地保温？如果你学习了物理，那么就会对水的这些现象做出合理、科学的解释。物理学是一门以实验为基础的自然科学，是发展最成熟、高度定量化的精密科学，是具有方法论性质、被人们公认为最重要的基础科学。物理学取得的成果极大地丰富了人们对物质世界的认识，有力地促进了人类文明的进步。国际纯粹物理和应用物理联合会第 23 届代表大会的决议"物理学对社会的重要性"指出："物理学是一项国际事业，对人类未来的进步起着关键性的作用：探索自然，驱动技术，改善生活以及培养人才。"[①]

可以说，大到广袤苍穹，小到分子与原子，都属于物理学的研究范畴。它不仅研究物体的运动规律，如月亮为什么会绕着地球转，还研究物体为什么会做那样的运动，即物理学还研究物体之间相互作用的规律，如对于上述问题，现在笔者可以回答，是因为地球对月球存在引力。

用较为严谨的语言来说，物理学是研究物质存在的基本形式、本质和运动规律以及物体之间的相互作用和转化规律的科学。它崇尚理性，重视逻辑推理。可以说，物

---

① 许欣楠.浅谈物理学在人类文明进步中所起的作用[J].社会科学（引文版），2017（1）：81.

理学是关于"万物之理"的科学。在学习物理时，应注重"理"字。

经过 300 多年的发展，物理学作为一门独立的科学，有着完整的科学体系，而且物理学的基本理论、基本实验方法和精密测试技术已经越来越广泛地应用于其他学科，极大地推动了科学技术的创新与革命，促进了社会的发展与人类文明的进步。

以统一性为例，当代物理学的发展正朝着两个相反的研究方向延伸——最宏大的宇宙与最微小的粒子。令人感到惊讶的是，随着研究的深入，二者并非分道扬镳，越走越远，反而显示出不少殊途同归、相辅相成的迹象。

例如，粒子物理学的一些研究成果常被天体物理学家所借鉴，用来探寻宇宙早期演化的图像；反过来，宇宙物理学的研究也为粒子物理学家提供了丰富的信息与印证。在自然科学群体中，物理学处于基础和领导地位。如今，物理学仍是一门充满生机和活力的学科，它的创造性进展日新月异，遇到的挑战也越来越大。同时，21 世纪科学技术的发展在很大程度上依赖物理学的发展。物理学仍在科学技术的发展中占据主导地位，而且物理学对当代以及未来高新技术的发展会提供较大的推动力。

首先，就数学而言，数学本身不能回答其自身的数学形式逻辑体系的客观真实性问题，而数学形式体系的客观真实性要靠物理学去认证；数学的发展有两个动力，即数学逻辑发展的动力和外部的物理学等学科的需要与直观的动力。正是这种外部物理学的需要与直观的动力，使美国物理学家、数学家威腾（Witten）和英国数学家唐纳森（Donneson）发展了现代数学，并因此获得了菲尔兹奖；量子论促成了非对易几何学的出现；超弦理论促成了新的数学观点的出现。数学是伟大的，它像语言一样，是人类进行交流和表达思维的工具。对于现代科技，它更是不可或缺的工具。

其次，就化学而言，量子力学和统计热力学是表述化学定律的基础，现代化学在理论上离不开量子力学，在实验上离不开现代物理学测量技术。

最后，就生物学而言，量子力学和量子统计是在分子层次上认识生命现象的基础，生物物理学使生物学更定量、更精确。

20 世纪初，相对论和量子力学的建立为物理学的飞速发展插上了双翅，取得了空前辉煌的成就，以至于人们将 20 世纪称作"物理学的世纪"。有一种流行的说法，21 世纪是生命科学的世纪。其实，这句话更确切的表述应该是，21 世纪是物理学全面介入生命科学的世纪。生命科学只有与物理学相结合，才能取得更大的发展。

物理学的发展密切联系着工业、农业等的发展，也同人类文明的进步息息相关。比如，从电话的发明到当代互联网络实现的实时通信，从蒸汽机车的制造成功到磁悬浮列车的投入运行，从晶体管的发明到高速计算机技术的成熟等，无不体现着物理学对社会进步与人类文明的贡献。当今时代，物理学前沿领域的重大成就又将引领人类文明进入一片新天地。大量事实表明，物理思想与方法不仅对物理学本身具有价值，而且对整个自然科学乃至社会的发展都有着重要贡献。

物理学的发展引起了一次又一次的产业革命，推动着社会和人类文明的发展。可以说，社会的每一次大的进步都与物理学的发展紧密相连，没有物理学的发展，就没有人类社会和文明的巨大进步。

（一）物理学是自然科学的带头学科

物理学作为严格的、定量的自然科学的带头学科，一直在科学技术的发展中发挥着极其重要的作用。它与数学、天文学、化学和生物学之间有密切的联系，它们之间相互作用，促进了物理学与其他学科的发展。

物理学与数学之间有着深刻的内在联系。物理学不满足定性地说明现象，或者简单地用文字记载事实。为了尽可能准确地从数量关系上去掌握物理规律，数学就成了物理学不可缺少的工具，而丰富多彩的物理世界又为数学研究开辟了广阔的天地。所以说，物理学与数学的关系密切，源远流长。历史上有许多著名科学家，如牛顿（Newton）、欧拉（Euler）、高斯（Gauss），对于这两门科学都做出了重要贡献。19 世纪末 20 世纪初的一些大数学家，如彭加勒（Poincar）、克莱因（Klein）、希尔柏特（Hilbert），尽管他们的学术倾向不同，但都精通理论物理。此外，近代物理学中关于混沌现象的研究也是物理学与数学相互结合的结果。

物理学与天文学的关系更是密不可分，可以追溯至早期德国天文学家、物理学家、数学家开普勒（Kepler）与英国物理学家、数学家牛顿对行星运动的研究。现在提供天文学信息的波段从可见光频段扩展到从无线电波到 X 射线宽广的电磁波频段，已采用了现代物理所提供的各种探测手段。另外，天文学提供了地球上实验室所不具备的极端条件，如高温、高压、高能粒子、强引力，构成了检验物理学理论的理想实验室。几乎所有的广义相对论的证据都来自天文观测。比如，正电子和 μ 子都是首先在宇宙线研究中观测到的，为粒子物理学的创建做出了贡献；热核反应理论是为解释太阳能源问题而提出的；中子星理论则因脉冲星的发现而得到了证实；而现代宇宙论的标准模型——大爆炸理论是完全建立在粒子物理理论的基础上的。

物理学与化学本是唇齿相依、息息相关的。化学中的原子论、分子论的发展为物理学中气体动理论的建立奠定了基础，从而使人们对物质的热学、力学、电学性质做出了满意的解释，而物理学中量子理论的发展、原子的电子壳层结构的建立又从本质上说明了元素性质周期变化的规律。同时，量子力学的诞生以及随后固体物理学的发展使物理学与化学研究的对象日益深入更加复杂的物质结构的层次，对半导体、超导体的研究越来越需要化学家的配合与协助，而在液晶科学、高分子科学和分子膜科学取得的进展是化学家、物理学家共同努力的结果。另外，近代物理的理论和实验技术又推动了化学的发展。

物理学在生物学发展中的贡献体现为两个方面：一方面是为生命科学提供了现代化的实验手段，如电子显微镜、X 射线衍射、核磁共振、扫描隧道显微镜；另一方面是为生命科学提供了理论概念和方法。从 19 世纪起，虽然生物学家在生物遗传方面进行了大量的研究工作，提出了基因假设。但是，基因的物质基础问题仍然是一个疑问。20 世纪 40 年代，奥地利物理学家薛定谔（Schrödinger）提出了遗传密码存储于非周期晶体的观点。同时期，英国剑桥大学的卡文迪什实验室开展了对肌红蛋白的 X 射线结构分析，经过长期的努力，终于确定了脱氧核糖核酸的晶体结构，揭示了遗传密码的本质，这是 20 世纪生物科学的最重大突破。由于分子生物学构成了生命科学的前沿领域，因此，生物物理学显然也是大有可为的。

（二）物理学是现代技术革命的先导

一般来说，物理学与技术的关系存在两种基本模式：①由于生产实践的需要而创建了技术，如 18—19 世纪蒸汽机等热机技术，然后提高到理论上来，建立了热力学，再反馈到技术中，促进技术的进一步发展；②先在实验室中揭示基本规律，建立比较完整的理论，然后在生产中发展成为一种全新的技术。19 世纪，电磁学的发展提供了第二种模式的范例。在英国物理学家、化学家法拉第（Faraday）发现电磁感应和英国物理学家、数学家麦克斯韦（Maxwell）确立了电磁场方程组的基础上，产生了今日的发电机、电动机、电报、电视、雷达，创建了现代的电力工程与无线电技术。正如美籍华裔物理学家李政道所说："没有昨日的基础科学，就没有今日的技术革命。"[①]

在当今世界中，第二种模式的重要性更为显著。物理学已成为现代高技术发展的先导与基础学科；反过来，高技术发展对物理学提出了新的要求，提供了先进的研究条件与手段。所谓高技术，指的是那些对社会经济发展能起到极大推动作用的当代尖端技术。下面就物理学的基础研究在当前最引人注目的高技术，即核能技术、超导技术、信息技术、激光技术、电子技术中所起的突出作用作简要介绍。

能源的获取和利用是工业生产的头等大事，20 世纪，物理学的一项重大贡献就在于对核能的利用。1905 年，美国科学家、物理学家爱因斯坦（Einstein）提出了质能关系式，确立了核能利用的理论基础；英国物理学家查德威克（Chadwick）于 1932 年发现了中子；德国放射化学家、物理学家奥托·哈恩（Otto Hahn）于 1938 年发现在中子引起铀核裂变时可释放能量，同时，有更多的中子发射，于是提出利用"链式反应"来获得原子能的概念；20 世纪 40 年代，美籍意大利物理学家费米（Fermi）根据重核

---

① 郭奕玲.李政道教授在清华大学讲演：没有今日的基础科学就没有明日的科技应用 [J].物理与工程，1992，2（3）：1-3.

裂变能量释放的原理建立了原子反应堆,使核裂变能的利用成为现实;20 世纪 50 年代,苏联物理学家塔姆(Tam)和萨哈罗夫(Sakharov)根据氢核在聚变时能量释放的原理而设计了受控聚变反应堆。聚变能不仅丰富,而且安全清洁。而现在,可控热核聚变能的研究将为解决 21 世纪的能源问题开辟道路。

在能源和动力方面,无损耗地传输电流的超导体的广泛应用也可能导致一场革命。1911 年,荷兰物理学家昂尼斯(Onnes)发现纯的水银样品在 4.2K 附近电阻突然消失,接着又发现其他一些金属也有类似的现象。这一发现开辟了一个崭新的超导物理领域。1957 年,BCS 理论进一步揭示了超导电性的微观机理;1962 年,约瑟夫森效应的发现又将超导的应用扩展至量子电子学领域。在液氦温区(1 ~ 5.2K)工作的常规超导体所绕成的线圈已在加速器、磁流体发电装置及大型实验设备中用来产生强磁场,可以节约大量电能;在发电机和电动机上应用超导体,已经制成接近实用规模的试验性样机。从这些成功的应用,再加上超导储能、超导输电和悬浮列车等的应用,可以看到高温超导体具有广阔的应用前景。自从 1987 年美籍华裔物理学家朱经武和中国科学院赵忠贤等人发现液氮温区(63 ~ 80K)的高温超导体以来,超导材料的实用化已取得较大进展,它在大电流技术中的应用前景最为广阔。

信息技术在现代工业中的地位日趋重要,计算技术、通信技术和控制技术已经从根本上改变了当代社会的面貌。如果说第一次工业革命是动力或能量的革命,那么第二次工业革命就是信息或负熵的革命。人类迈向信息时代,面对内容繁杂、数量庞大、形式多样的信息,迫切要求信息的处理、存储、传输等技术从原来依赖电的行为转向依赖光的行为,从而促进光电子学和光子学的兴起。光电子技术最杰出的成果体现在光通信、光全息、光计算等方面。光通信于 20 世纪 60 年代开始提出,70 年代得到迅速发展,具有容量大、抗干扰强、保密性高、传输距离长的特点。光通信以激光为光源,以光导纤维为传输介质,比电通信容量大 10 亿倍。一根头发丝粗细的光纤可传输几万路电话和几千路电视,20 根光纤组成的光缆每天通话可达 7.6 万人次,光通信开辟了高效、廉价、轻便的通信新途径。以光盘为代表的信息存储技术具有存储量大、时间长、易操作、保密性好、低成本的优点,光盘存储量是一般磁存储量的 1000 倍。新一代光计算机的研究与开发已成为国际高科技竞争的又一热点。

激光是 20 世纪 60 年代初出现的一门新兴科学技术。1917 年,爱因斯坦提出了受激辐射概念,指出:"受激辐射产生的光子具有频率、相、偏振态以及传播方向都相同的特点,而且受激辐射的光获得了光的放大。"[①] 他又指出:"实现光放大的主要条件是使高能态的原子数大于低能态的原子数,形成粒子数的反转分布,从而为激光

---

① 彭桢楠.新形势下物理学在高新技术材料中的应用分析 [J].科技展望,2017,27(30):110-111.

的诞生奠定了理论基础。"① 20世纪50年代，在电气工程师和物理学家研究无线电微波波段问题时，产生了量子电子学。1958年，美国物理学家汤斯（Townes）提出把量子放大技术用于毫米波、红外以及可见光波段的可能性，从而建立起激光的概念。1960年，美国物理学家梅曼（Maiman）研制成世界上第一台激光器。经过30年的努力，激光器已发展到相当高的水平：激光输出波长几乎覆盖了从X射线到毫米波段，脉冲输出功率达 $1019W/cm^2$ 、最短光脉冲达 $6 \times 10^{-15}s$ 等。激光成功地渗透近代科学技术的各个领域。因激光具有高亮度、单色性好、方向性好、相干性好的特点，故其在材料加工、精密测量、通信、医疗、全息照相、产品检测、同位素分离、激光武器、受控热核聚变等方面均获得了广泛的应用。

电子技术是在电子学的基础上发展起来的。1906年，第一个三极电子管的出现被视作电子技术的开端。1948年，美国物理学家巴丁（Bardeen）、布莱顿（Blyton）和肖克莱（Shockley）发明了半导体晶体管。这是物理学家认识和掌握了半导体中电子运动规律并成功地加以利用的结果。这一发明开拓了电子技术的新时代。20世纪50年代末，发明了集成电路，而后集成电路向微型化方向发展。1967年产生了大规模集成电路。1977年，超大规模集成电路诞生。1950—1980年，依靠物理知识的深化和工艺技术的进步，晶体管的图形尺寸（线宽）缩小为原来的1/1000。今天的超大规模集成电路芯片上，在一根头发丝粗细的横截面积上，可以制备40个左右的晶体管。微电子技术的迅速发展使得信息处理能力和电子计算机容量不断增长。20世纪40年代建成的第一台大型电子计算机的重量达30t，耗电200kW，占地面积为 $150m^2$ ，运算速度为每秒数千次，而现在一台笔记本电脑的性能完全可以超过它。面对超大规模电路图形尺寸不断缩小的事实，人们已看到半导体器件基础上的微电子技术接近它的物理上和技术上的极限。这就要求物理学家从微结构物理的研究中，制造出新的能满足更高信息处理能力要求的器件，使微电子技术得到进一步发展。

（三）物理学是科学的世界观和方法论的基础

物理学描绘了物质世界的一幅完整图像，揭示了各种运动形态的相互联系与相互转化，充分体现了世界的物质性与物质世界的统一性。19世纪中期发现的能量守恒定律被德国哲学家恩格斯（Engels）称为"伟大的运动基本定律"，是19世纪自然科学的三大发现之一，是唯物辩证法的自然科学基础。法拉第、爱因斯坦对自然力的统一性怀有坚强的信念，他们终生证实各种现象之间的普遍联系而努力。

物理学史告诉我们，新的物理概念和物理观念的确立是人类认识史上的一个飞跃，只有冲破旧的传统观念的束缚，才能得以问世。例如，德国物理学家普朗克（Planck）

---

① 彭桢楠.新形势下物理学在高新技术材料中的应用分析[J].科技展望，2017，27（30）：110-111.

的能量子假设由于突破了能量连续变化的传统观念，而遭到当时物理学界的反对。普朗克本人由于受到传统观念的束缚，在提出能量子假设后多年，一直惴惴不安地徘徊不前，总想回到经典物理的立场。同样，狭义相对论也是爱因斯坦在突破了牛顿的绝对时空观的束缚，形成了相对论时空观的基础上建立的。而荷兰物理学家洛伦兹（Lorentz）由于受到绝对时空观的束缚，虽提出了正确的坐标变换式，但不承认变换式中的时间是真实时间，一直提不出狭义相对论。这说明正确的科学观与世界观的确立对科学的发展具有重要作用。

物理学是理论和实验紧密结合的科学。物理学中很多重大发现、重要原理的提出和发展都体现了实验与理论的辩证关系：实验是理论的基础，理论的正确与否要接受实验的检验，而理论对实验又有重要的指导作用，二者的结合推动着物理学向前发展。一般物理学家在认识论上都坚持科学理论是对客观现实的描述，而薛定谔声称物理学是"绝对客观真理的载体"。

综上所述，通过物理教学培养学生正确的世界观是物理学科本身的特点，是物理教学的一种优势。要充分发挥这一优势，提高自觉性，把世界观的培养融入教学中去。一个科学理论的形成离不开科学思想的指导和科学方法的应用。正确的科学思维和科学方法是在人的认识途径上实现从现象到本质、从偶然性到必然性、从未知到已知的桥梁。科学方法是学生在学习过程中打开学科大门的钥匙，是在未来从事科技工作时进行科技创新的锐利武器。教师在向学生传授知识时，要启迪引导学生掌握本门课程的方法论。这是培养具有创造性人才所必需的。

二、物理学的价值

学科的育人价值作为一个十分重要的理论问题，是在新基础教育发展性研究阶段提出来的，主要是指在课堂教学中，科学教育（包括分科科学课程、综合科学课程）在传递科学知识、发展学生从事科学的能力以及培养学生的科学兴趣、科学思维、科学精神、科学态度等方面的意义和价值。相比生物、化学等其他自然科学学科，物理是一门与学生日常生活联系十分紧密且应用广泛的学科，并且以其抽象、辩证的思维方式与以实验为基础的特点，引导学生形成勤动脑、勤动手的科学素养，激发学生探索自然、理解自然的兴趣和热情。掌握正确的教学思想与方法，充分挖掘物理学科的育人价值，并将其落实到课堂教学之中，这是新时代对物理教师的新要求。

在新课程的一系列相关文本中，科学教育的育人价值主要体现在知识与技能、过程与方法、情感态度与价值观三个维度的目标中，即部分学者所认为的科学应分为相互关联的四个层次的内容：科学知识、科学方法、科学态度和科学精神。科学教育无疑应包含着相互关联的四个层次的教育。

（一）明确学习目的，建立学科观念

对科学知识的基本理解、对科学技能的基本掌握是具备科学素养的最基本要求。但是在传统知识教育中，知识教育具有被动接受知识、学习过程主要是记忆过程、知识的学习带有社会强制性等特征。这些现象源于教材对知识教育的安排与学校和教师的教育理念等方面，而更重要的是，教师本身没有明确的学科观念，无法告诉学生物理学科的真正内涵以及基础知识对于学好这门学科并学会运用的重要意义，导致学生没有兴趣学习基础知识，不知道学来有什么用，没有明确的学习目的，而是大部分时间用于做题能力的锻炼上，而忽略了基础知识与技能的内在价值。

物理学科观念是指学生通过物理课程的学习，在深入理解物理学科特征的基础上所获得的对物理的总观性的认识。教师在讲授学习基础知识目时，可以从基础知识在生活、生产中的运用与基础知识在物理学科乃至其他学科的地位作用两个方面入手。例如，在设计酒瓶起子、指甲刀时，我们要知道如何用力可以省力或方便。这就需要去研究力的作用点在什么位置合适。此外，还应告诉学生力的研究不仅是力学的重要内容，而且是整个物理学科的基础，影响着社会各个领域。学会如何研究力，对于今后成为工程技术人才、建筑设计者甚至体育健将都有很大帮助。

（二）科学方法显性教育，掌握科学研究的普遍规律

过程与方法目标体现了探究学习的过程，学生在学习了知识之后，需要掌握一定的方法，科学地运用知识解释生活中的现象。在传统的教育方法中，教师除了教授教科书中的内容，很少挖掘科学方法。这些科学方法大多隐藏在知识背后，需要学生自己思考并挖掘。而这样会导致学生很难找到科学、有效的学习方法，缺少主动总结思考的意识，盲目与应试结合，总结出答题技巧、背书技巧等。

科学方法显性教育是指教师有意识地公开进行科学方法教育，而学生有意识地学习科学方法，以达到理解知识、掌握方法和形成科学态度的目的。教师可以在教授知识的过程中有意识地总结出一类问题的解决方法，并举出例子加以说明。比如，建立物理模型是一种运用很普遍的科学方法，但书中并没有明确提到，教师在讲解时，首先应解释物理模型的概念与建立的意义，再举例说明是如何运用模型处理问题的，此时也可恰当结合物理实际问题并在作业中体现，从而让学生扎实掌握。例如，质点的引入就是模型的一种，教师可告诉学生质点引入注重的是在研究运动和受力时物体对系统的影响，而忽略一些复杂但无关的因素，从而将问题简单化。可举出当研究地球围绕太阳的公转或解物理题时，一些数据可被忽略等实际情况。

（三）端正科学态度，形成正确的价值取向

我国学者顾志跃在他的著作《科学教育论》中指出："科学态度是个体在科学价值观支配下，对某一对象所持的评价和行为趋向。"[①] 也就是说，科学态度是学生自身对科学的情感与价值观的直接体现，是在自己的观念与行为习惯的影响下形成的。它包括个体及其科学世界的情感成分、认知成分与在学习过程中对待日常生活的一种内在反应倾向。传统说教式教学将倡导的价值观直接灌输到学生的头脑里，学生理解不透彻、感受不深刻，并不能真正影响其形成习惯，端正态度。

端正科学态度对学生形成正确的价值观取向和良好的科学素养有很大影响。教师应在课堂上通过生动的例子与史实材料来引导学生，也可通过组织辩论赛、讨论组等形式进行讨论，可以讲解科学的发展对社会的意义。例如，在讲核聚变与核裂变时，不仅要让学生知道核工业对人类发展的重要意义，还要插入当今影响世界和平的核威胁、核恐怖问题，并介绍第二次世界大战时期爱因斯坦对于研制原子弹的态度，以此让学生了解科学的两面性，引导学生形成正确运用科学技术的价值取向。当然，教师还可以运用探究性学习、引入物理学史与发明创造法的介绍等方法引导学生端正科学态度，培养学生的科学素养。

学科教育的目的是使学生具备更高的科学素养，教师要充分理解物理学科的特点，不断思考课堂教学方法，将物理学科的育人价值真正落实到课堂中。这样，科学素养才不会最终停留于口头或纸面的美好理想中。

第二节　物理教学的产生与发展

物理学是一门科学，是一门实验科学、基础科学、定量的精密科学以及带有方法论性质的科学。物理学的三要素是实验、思维、数学。物理学的作用是探索自然、驱动技术、改善生活和培养人才。

物理学是集古今中外无数贤哲艰辛而有趣的探索（实验的和思辨的）劳动成果之大全，它诠释了从微观到宏观物质世界的结构和运动规律，并在发现完美规律的同时，形成许多令人惊叹的探究途径。

物理是一种植根生活、自然、科学技术的文化，它的发生、发展紧密联系着人类的情感意志、思想完善和社会文明发展的进程，深刻地影响着人类社会的现在和未来。

[①] 王黎阳，周思媛，邹新政. 浅谈物理学科育人价值的实现途径 [J]. 读与写，2013，10（13）：13.

物理教育的价值在哪里？美国一位学者在《面向全体美国人的科学》中写道："教育的最高目标是使人们能够过一个实现自我和负责任的生活做准备。"①

传统教育价值观认为，学校教育追求的是个体智力的优异性和学问的卓越性。通过教师艺术性的传授，学生获得了知识，并能够熟练、灵活、准确地应用于解题，而无须了解知识的发生与发展过程。如今，人们正处于科学技术发展日新月异的信息时代，个体在生存与发展中所面临的问题越来越具有社会性、复杂性、整合性和不可预见性，人们所需的知识层面和能力素养的范围被剧烈地扩大了。于是，学校教育成为学生在对自然、社会、生活中的现象探求活动中自我完善与发展的过程，让学生在获得科学文化知识与技能的同时，了解知识的发展及其对社会的价值，掌握知识探究与问题探索的基本方法和途径，以提高在未来参与社会生活、进行决策的基本能力。

长期以来，物理教学的主要形式就是教师讲解教科书，从而使学生掌握教科书的内容。新课程强调实现学生学习方式的根本变革，转变学生学习中这种被动的学习状况，提倡和发展多样化的学习方式，特别是提倡自主、探究与合作的学习方式，让学生成为学习的主人，使学生的主体意识、能动性、独立性和创造性不断得到发展，提升学生的创新意识和实践能力。教师在探究教学中要立足培养学生的独立性和自主性，引导他们质疑、调查和探究，学会在实践中学、在合作中学，逐步形成适合自己的学习策略。

教师在教学中要敢于"放"，要充分发挥学生的主体作用，让学生动脑、动手、动口，主动积极地学习，要充分相信学生的能力。但是"放"并不意味着放任自流，而是科学地引导学生自觉完成探究活动。当学生在探究中遇到困难时，教师要予以指导；当学生的探究方向偏离探究目标时，教师也要予以指导。然而，物理教师如何紧跟时代的步伐，做新课程改革的领跑人呢？这对物理教师素质提出了更高的要求，并向传统的教学观、教师观提出了挑战，迫切呼唤教学观念的转变和教师角色的再定位。

一、物理教育的萌芽

物理现象是自然界发生的最为普遍的现象之一，不仅时刻伴随着人们的生活和生产活动，而且影响着人们的生活和生产活动。由此可见，物理知识不但广泛存在于自然界之中，而且与人们的生活和生产活动密切相关。人们不断地作用于自然界，并且在这一过程中发挥自身的聪明才智，做出各种发明和创造。比如，火的发明和利用、工具的制造、受力和各种自然力的利用、手工业的发展和技术的进步，每一个环节都蕴含着物理知识。在漫长的岁月中，人们在积累生活经验的同时，也积累着物理知识。

---

① 美国科学促进协会.中国科学技术协会,译.面向全体美国人的科学[M].北京:科学普及出版社,2001.

在人类生活的早期阶段，生产力水平极为低下，人们大多只能依靠自身的体力直接从自然界获取所需要的生活资料，同时，积累非常有限的直接生活经验。在这个阶段，各个门类的知识还不可能从经验中分离出来，也不可能产生并分化出专门的教育。从严格意义上讲，此时既不可能产生真正意义上的物理学，也不会形成物理教育。但是人们在集体生产和集体生活的过程中会结合生产劳动和实际生活经验，以口耳相传、示范模仿等形式向他人和下一代传授直接经验。由于物理知识与人们的直接经验紧密结合、不可分割，因此在传授直接经验的同时，也传授了其中的物理知识。从这个意义上讲，这实质上也是物理教育的开端。

二、我国古代的物理教育

我国的物理教育有着漫长的历史，其发展与科学技术和生产力发展水平密切相关，同时受到当时社会政治、文化等方面的深刻影响，留下了社会发展的时代烙印。

我国古代的物理知识伴随着人们的生产和生活实践活动而产生，主要表现为人们在生产、生活实践活动中通过技术的运用，对物理现象进行观察并做出定性描述。

我国是具有悠久历史的文明古国，中华民族是勤劳智慧的民族。早在古代，我国人民就以自己的聪明才智创造出了光辉灿烂的文化和科学技术，他们中不乏哲人、科学家、发明家及大批的能工巧匠。他们不仅发展了我国古代的手工业和文化艺术，而且在一段相当长的历史时期内，使我国的科学技术处于世界领先地位，同时，在生产和生活实践中积累了大量的感性物理知识。除此之外，人们用实验手段自觉地探索物理规律，形成了对物理认识的各种观点和学说，并通过著书立说，以文字的形式在一些哲学和科学著作中对物理知识进行了记录和描写。《墨经》《考工记》《论衡》就是这方面的代表和例证。

从严格意义上讲，我国古代并没有形成真正意义上的物理知识，也谈不上形成独立的物理学科和物理知识的学科体系。人们的物理知识仅仅是结合生产、生活经验和技术的运用，对物理现象进行经验性的感性认识还停留在物理现象的定性描述阶段，而且物理方面的论述零散地分布于不同著作之中。尽管如此，我国古代人民在他们所处的时代，结合了具体的生产技术和生活实践，观察并描述了涉及力学、声学、热学、光学和电磁学等方面的物理知识，并且这些认识在当时都处于世界科技发展水平的领先地位，促进了人类文明的进步和发展，为物理学科的发展做出了贡献。

综上所述，我国古代人民在生产和生活实践中创出造灿烂古代文化和科学技术的同时，认识并产生了丰富的物理知识。此阶段创造的物理知识没有也不可能形成完整的学科知识体系，主要表现为人们在生产和生活实践过程中对物理现象的观察与定性描述。它的主要特征表现在两个方面：①我国古代的物理知识与人们的生活、生产实践活动密切结合，还没有从生产、生活实践和手工业技术中分化出来，具有极强的功用性；②尽管我国古代的物理知识涉及面比较广，但大多数物理知识仅仅是人们对物理现象直接观察的感性认识和描述，其中缺乏具体的分析和科学的论证，也没有应用科学的研究方法把物理与数学相结合，用数学对物理知识进行描述。虽然我国古代有相当数量的关于物理方面的著书立说，但总体来说，理论探讨尚浅，未能形成一门学科，并且论述不系统，有关物理方面的讨论零散地分布在一些哲学和科教著作之中。

虽然我国古代学校教育有一定的发展，但是在漫长的封建社会中，由于受私学与科举制度的束缚，学校教育重文经史哲、轻自然科学，加之当时未能形成独立的物理学学科体系，真正意义上的学校物理教育尚未形成。尽管如此，这一时期的物理教育也有其独特的方式和途径。

首先，我国古代的物理教育是结合手工业和技术教育进行的。无论人们是否意识到，在手工业的生产技术中都广泛应用着物理知识。在传授具体生产知识和手工业技术的同时，传授着其中的物理知识。古代传授具体生产知识和手工业技术的主要形式是家业世传和学徒制。这种形式使物理教育的显著特点表现为言传身教，即师父一边干，一边教，在实践活动中示范，学徒一边干，一边学，在实践活动中掌握师父所教内容，并且在传授具体生产知识和手工业技术的过程中，不自觉地进行着物理教育。

其次，著书立说与制作实物是传播物理知识、进行物理教育的有效途径。在我国古代宝贵的文化遗产中，许多著作都蕴含着丰富的物理知识。《墨经》《考工记》《梦溪笔谈》《革象新书》等就是古代蕴含物理知识的代表作。除此之外，我国古代发明制造了大量的科学仪器和实用的生产、生活工具，如浑天仪、地动仪、指南针、记里鼓车以及多种乐器，它们都是根据一定的物理原理而制成的。各种书籍、学说和实物流传的同时，不自觉地传授了其中的物理知识。

最后，举办私学和聚徒讲学是传授物理知识、进行物理教育的重要手段。自我国春秋战国兴办学以来，学有专长的士子都会举办私学、招收弟子，以他们各自的知识领域或哲学、政治、经济、社会等观点对其弟子进行教育。在他们的讲学中，常常包含着物理知识的内容。例如，《墨经》是春秋时期墨家私学教育的教材，其中包含力学、声学和光学方面的物理知识。在讲学的同时，墨家学派便对弟子进行了物理学方面的教育。再如，明末清初的颜元曾在其创办的漳南书院中设有水学、火学等科目，其中就包括属于流体力学和热学方面的物理知识。通过讲学就可以传授有关物理学方面的内容，向其弟子进行物理教育。

上述传授物理知识的三种途径都是当时历史条件下的产物。它们的共同特点是，物理教育寓于具体生产知识和手工业技术的传授过程中，并且时断时续，缺乏连贯性和系统性，往往不自觉地进行着物理教育。从严格意义上讲，这些还不是真正意义上的物理教育，只能视作物理教育的孕育过程。

三、学校物理教育的发展

在我国漫长的封建社会，学校教育一直重文经史哲、轻自然科学。在清朝采取闭关锁国、重农抑商的政策以后，先进的科技发明被视为"奇技淫巧"，严重地阻碍了学校开设自然科学课程，使学校物理教育难以发展，也使我国学校的物理教育与西方资本主义国家相比，在各个方面的差距越来越大。1842 年，第一次鸦片战争失败后，西方帝国主义列强用洋枪大炮打开了我国闭关自守的大门，我国人民深受西方列强的凌辱。面对这种情况，知识分子中的开明之人和有识之士主张学习"西洋奇器"的制造，积极提倡学习新的科学知识，在教育方面也进行了一些改革。随着新式学校的创建和"西学东渐"，在把人们的视野引向世界的同时，物理学开始受到人们的重视，学校物理教育随之诞生并不断发展。

（一）学校物理教育的诞生

第一次鸦片战争结束后，我国开始由封建社会向半殖民地半封建社会转变。面对西方列强的坚船利炮，同时受"西学东渐"的影响，有识之士认识到国家非兴学不足以强国。这时，一部分洋务派的人对我国传统教育提出了质疑与非难，纷纷要求改革旧的教育模式，提出兴办新教育（学习"西文"和"西艺"）的学校。1862 年，我国开办了第一所学习"西文"的学校——京师同文馆，接着开办了上海广方言馆、广东同文馆、湖北自强馆等新式学校。1866 年，我国创办了第一所学习"西艺"的学校——马尾造船厂附设的福建船政学院，随后又开办了上海机器学堂、天津电报学堂、天津水师学堂、天津武备学堂、江南水师学堂等。

新式学校的建立对我国传统的封建教育制度是一个巨大的冲击，对改革封建的教育模式和传统的教育内容起到了积极的促进作用，为学校近代物理教育的诞生创造了条件。自新式学校建立后，近代物理学开始逐渐渗入我国的学校教育，从而揭开了我国学校近代物理教育的序幕。1866 年，恭亲王奕䜣等人建议在京师同文馆中专设算学馆，而算学馆增设后，同文馆中的学习科目不断扩大，算学、天文、格致（格致亦称格物或格物学，是物理与化学的统称，有时甚至是所有自然科学的统称）、医学、生理等被列入同文馆的教授科目，其中，物理学在当时被作为必须学习的基础理论而列入。1897 年，京师同文馆由西方人 Ou Lipei 首次正式讲授格致，开我国教育史上学校讲授近代物理学之先河。这既是我国有史以来第一次在学校教育中进行近代物理教学，也是我国近代物理教育的起点。对我国教育而言，这必然是重要的历史事件之一。

物理学是一门基础学科，它的基础性在自然科学和技术中表现得尤为突出。洋务运动中开办的新式学校在一定程度上改变了我国封建的传统模式和内容，把自然科学和技术纳入学校的教学内容中，在新式学校中进行物理学教育既是客观需要，也是必然要求。在当时的新式学校，尤其学习"西艺"的学校，一般都开设物理学科或物理学科中的某一分支科目。例如，在江南水师学堂的驾驶门，学习科目中有重学和格致，管轮门的学习科目有气学、力学、水学、火学。再如，上海格致书院的学习科目有重学、热学、气学、电学等。1902 年，"壬寅学制"诞生了。然而，该学制正式颁布后未及施行。1903 年，"癸卯学制"得以颁布和实施。这个学制包含从小学到大学的完整体系，并且把物理学以法定的形式系统地列入了大学和中学的教学科目中，同时，据不同的教学要求而译编了各级学校和不同专业的物理教材，还对物理教学中的实验教学，包括仪器设备和教学要求等方面做了一些原则性的规定。由此可见，随着"癸卯学制"的实施，物理学以法定的形式进入了学校教学科目。这标志着我国近代教育史上学校物理教育正式诞生了。

（二）中华人民共和国成立前的学校物理教育的发展

根据我国社会历史发展的进程，我国近代学校物理教育可分为中华人民共和国成立前的物理教育和中华人民共和国成立后的物理教育两个时期，其中每一时期又包含不同的发展阶段。

中华人民共和国成立前的学校物理教育一般可分为三个阶段。

1. 第一阶段（1903—1911）

自 1903 年颁发的"癸卯学制"将物理学以法定的形式列入学校教育科目开始，直到 1911 年辛亥革命爆发，是中华人民共和国成立前的学校物理教育发展的第一阶段。在这一阶段，国家对各级各类学校的物理教育内容和教学时间都做了明确的规定。

在这一时期，中学阶段的物理学是作为学生学习基础理论来开设的，是为了给学生以后从事各项事业或升入高一级学校的学习打下基础，而大学阶段物理教育的目的是造就物理学人才以供任用。此外，在格致科，大学还设立了物理学门（物理学门是后来物理学系的前身）。

在这一阶段，物理教材建设方面取得了一些进展。1904 年，成立了图书局，专门管理教科书的审定，同时译编出版了多本中等物理教育方面的书籍。物理学家王季烈将日本饭盛挺造编著的《物理学》译成中文，并对其进行加工、润色。从此，我国出现了第一部称为物理学且具有现代物理学内容和大学水平的物理教科书。随着大中学校物理教育目的的不断明确以及物理教材的不断完善，学校物理教育渐趋成熟，从而为我国近代学校的物理教育奠定了良好的发展基础。

2. 第二阶段（1911—1927）

辛亥革命爆发至南京国民政府成立，是中华人民共和国成立前的学校物理教育发展的第二阶段。在辛亥革命后，南京成立了临时政府，蔡元培任教育总长。在他的主持下，对清朝末年的教育制度提出了比较全面的改革方案。就学制而言，改革了清末的"癸卯学制"，提出并颁布了"壬子癸丑"学制。新学制调整了中小学的学习年限，增加了中小学规定学习的科目门类，明确了中学阶段把物理学作为一门独立的学科开设。此外，这一时期还打破了中等学校物理教科书以翻译为主的局面。例如，1912 年，王兼善编写的《民国新教科书·物理学》在当时学校使用较普遍。

1922 年，为了适应社会变化的需要，全国教育联合会对原有的学制进行了改革，颁布并施行了"壬戌学制"。该学制仿照美国学制，规定了小学修业年限为六年，中学修业年限为六年，并且中学分为初级中学和高级中学两级，初级中学三年，高级中学三年。1923 年以后，全国教育联合会公布了《新学制课程标准纲要》。这个纲要被认为是我国第一部中学物理教学大纲，明确规定了物理教学目标、教学时间分配、教材大纲、实施方法概要、物理实验及注意点等内容。由此可见，这一阶段是我国近代学校物理教育不断完善的时期。

3. 第三阶段（1927—1949）

1927 年，国民党在南京成立国民政府。从这时起到 1949 年中华人民共和国诞生，是中华人民共和国成立前的学校物理教育发展的第三阶段。这一阶段正式提出了"三民主义教育宗旨"，同时，对中等教育进行了改革，取消了普通高中的文理分科，制定并颁布了十多个关于物理教育方面的初中和高中物理课程标准，明确规定了初中和高中的物理教学目标。在这一时期，不少爱国的物理学家投身于学校物理教育工作。例如，吴有训除了在清华大学任教，还经常到北京大学上理科课，讲授物理学。再如，严济慈根据当时需要编写了《初中物理学》、《高中物理学》与大学《普通物理学》等系列教材，为我国近代学校物理教育的发展做出了重要贡献。

（三）中华人民共和国成立后的学校物理教育的发展

中华人民共和国成立后，学校物理教育进入了兴旺发达的大发展时期。总体而言，中华人民共和国成立后的物理教育事业取得了前所未有的辉煌成就。但是，学校物理教育的发展并非一帆风顺，其中有不少的沉痛教训，经过了艰难曲折的发展历程。纵观中华人民共和国成立以来学校物理教育的发展，可分为具有明显特色的三个阶段。

1. 第一阶段（1949—1975）

这一阶段是中华人民共和国成立后的物理教育发展的第一阶段。在这一时期，尽管物理教育的发展走过弯路，但总体来说，中华人民共和国成立后的物理教育取得了丰硕的成果，形成了我国自己的物理教育体系。这一时期被认为是我国物理教育的兴旺发达时期。

中华人民共和国成立后，我国教育的性质发生了根本的改变，党和国家对物理教育，尤其是中学物理教育十分重视。在社会主义建设和发展时期，党和国家根据社会发展状况与我国物理教育实践中出现的具体问题，及时对物理教学大纲、教学内容、教学方法等方面进行了调整，使我国物理教育沿着健康的轨道向前发展，不断完善。

在这一时期，中学物理教材建设也取得了显著成绩，仅人民教育出版社（以下简称人教社）就组织编写过六套中学物理教材。中华人民共和国成立后，党和国家十分重视中小学的教材建设。1950 年 9 月，全国出版会议上提出了中小学教材必须全国统一供应的方针，于是组建了人民教育出版社，也即人教社，由人教社组织编写中学物理教材。1951 年 3 月，《初中物理学》（上册）出版；同年 8 月，《初中物理学》（下册）出版；1952 年 8 月，《高中物理学》（第一册）出版。这是中华人民共和国成立后由人教社编写的第一套中学物理教材，其中，《初中物理学》于 1951 年秋季开始供应学校。

1952 年，人教社以《中学物理教学大纲（草案）》为依据，组织编写了第二套中学物理教材。该套教材以苏联教材为蓝本，初中物理分为上、下两册，分别于 1953 年秋季和 1954 年秋季出版并供应学校；高中物理分为三册，第一册于 1953 年秋季出版并供应学校，其余两册同时在 1954 年秋季出版并供应学校。

1954 年下半年，国家着手修订 1952 年的《中学物理教学大纲（草案）》。在拟定大纲的同时，人教社开始编写第三套高中物理教材，与修订大纲配套的高中物理教材第一、二、三册，分别于 1955 年秋、1956 年秋和 1957 年秋出版并供应学校。

1960 年 1 月，在教育部提出十年制中小学教材的编写方针后，人教社组织编写了第四套中学物理教材。在本套教材中，初中物理的上、下两册分别于 1962 年和 1963 年出版，高中物理的上、下两册分别于 1963 年和 1964 年出版。由于这套教材是实验教材，因此只供应实验十年制的中学使用。

1961 年，教育部起草《全日制中学物理教学大纲（草案）》。于是，人教社于 1962 年夏季开始编写第五套中学物理教材。这套教材的初中部分分为上、下册，于 1964 年秋季出版并供应学校；而高中部分的第一、二、三册虽已脱稿，却因课时变动等原因没有印行。

1964 年，人教社组织编写了第六套中学物理教材，原计划于 1965 年秋季出版并供应学校，但由于种种原因，这套教材也没有在学校中使用。

由此可见，在这一时期，中学物理教材从无到有，并在实践中不断改进和完善。这不仅为中学物理教材建设提供了宝贵的经验，而且为我国物理教育的发展奠定了良好的基础。

2. 第二阶段（1976—1989）

1976—1989 年是中华人民共和国成立后物理教育发展的第二阶段。这一阶段的物理教育是振兴发展的时期。1977 年 8 月，教育部起草了全日制中小学教学计划草案，决定以十年制作为我国中小学的基本学制。此时，开始制定《全日制十年制学校物理教学大纲（试验草案）》，于 1978 年 1 月颁布施行；1980 年，又对该大纲做了一次修订。在制定大纲的同时，人教社组织编写了和大纲配套的教材，对恢复中学物理教育的正常秩序起到了十分积极的作用。

根据 1978 年颁布的《全日制十年制学校中学物理教学大纲（试行草案）》编写的教材基本反映了大纲的要求和特点，就教材本身而言，是一套质量较高的中学物理教材。但是，教材在使用过程中仍暴露出与教学实际不适应的问题。比如，对各方面条件都好的重点中学，教材基本上是适合的，而对广大的一般中学，尤其是高中，则呈现出教材要求偏高、程度偏深、分量偏重等问题，出现了难教、难学的不良局面。为了解决这一问题，1983 年，教育部颁布了《高中物理教学纲要（草案）》，调整了教学内容，决定实行两种教学要求，即基本教学要求和较高要求。这是我国中学物理教育改变"一刀切"局面的初步尝试。

随着拨乱反正的进行，我国的物理教育得到了迅速恢复，但到了 1986 年，中学的学制、教学要求和课时等方面都与 1978 年颁布的《全日制十年制学校物理教学大纲（试行草案）》有很大差异。于是，国家教育委员会决定以当时的教学实际为根据，本着"适当降低难度，减轻学生过重负担，教学要求明确、具体"的原则，修订 1978 年颁布的《全日制十年制学校中学物理教学大纲（试行草案）》。修订后的大纲于 1987 年 1 月印刷发行。该大纲明确指出了物理课程对于完成普通中学的教学任务具有重要作用，把物理教育同提高全民族的素质相联系。修订后的大纲删掉了各章的学时分配，给了授课教师较大的课时安排自由度，使教师可根据所教学生的情况而改变课时。这些举措为国家教育委员会于 1988 年提出"一个大纲，多种教材"的决策做好了准备。

综上所述，在这一阶段，我国中学的物理教育在不断调整中迅速恢复，教学体系不断完善，教学质量也不断提高。这些都为我国的物理教育改革和加速发展奠定了良好的基础。

3. 第三阶段（1990 年至今）

进入 20 世纪 90 年代，我国国民经济的发展已进入快车道，经济体制和社会体制的改革不断深入。为了与社会转型相适应，我国的物理教育进入了深化改革与加速发展时期，这是中华人民共和国成立后的物理教育发展的第三阶段。

1990 年 3 月，为了解决高中文理分科造成学生偏科严重的问题，国家教育委员会颁布了《现行普通高中教学计划调整的意见》，规定物理课在高中一年级和二年级为必修课，在高中三年级为选修课。在围绕教学计划调整的过程中，对 1987 年的《全日制中学物理教学大纲》进行了修订，修订后的大纲于同年颁布，成为《全日制中学物理教学大纲（修订本）》。

20 世纪 80 年代中期，我国产生了和应试教育相对立的概念——素质教育，从而引发了有关素质教育的讨论和实施素质教育的有关教学改革尝试。经过数年的研讨后，20 世纪 90 年代初，素质教育在社会和教育界得到确立，并在大多数人的思想中达成共识。1992 年，我国颁布了九年义务教育全日制初级中学《物理教学大纲（试用）》，明确指出了义务教育的任务是提高全民族的素质。1993 年 2 月，中共中央、国务院印发《中国教育改革和发展纲要》，提出了中小学教育要"转向全面提高国民素质的轨道"，而基础教育是提高民族素质的奠基工程，必须大力加强。随着这一纲要的颁布，我国的素质教育进入了实验推广阶段，物理教育改革得到了不断深化。

1997 年 9 月，国家教育委员会在烟台召开了全国中小学素质教育经验交流会，标志着素质教育在我国进入了全面实施阶段。随着全面素质教育的实施，我国的基础教育改革亦得到了不断深化，并加快了步伐。1999 年，我国召开了第三次全国教育工作会议。同年，国务院批准了教育部《面向 21 世纪教育振兴行动计划》，新一轮基础教育课程改革开始启动。2001 年，国务院颁布了《关于基础教育改革与发展的决定》，召开了全国基础教育工作会议，特别强调了深化教育教学改革，全面推进素质教育。同年，教育部公布了《基础教育课程纲要（试行）》，开始了新一轮基础教育课程改革实验，并公布了《全日制义务教育物理课程标准（实验稿）》。在课程改革中，中学物理教材建设取得了长足发展，在课程标准的统一指导下，真正实现了中学物理教材的多样化，出版了不同风格、不同特色、适应不同对象的多种教材。

在新一轮课程改革中，物理教育改革旨在体现以下三方面的特征：首先，物理学科将实现由教学大纲向课程标准的转变，更好地体现物理教学在知识与技能、过程与方法、情感态度与价值观等方面的要求；其次，物理教材在课程标准的指导下将趋于多样化，以适应不同地区、不同学生选用；最后，按照课程改革理念编写的教材将会更加关注学生的学习、社会生活经验和科学技术的最新发展，更加注重培养学生的创新精神和实践能力，体现学生全面发展的素质教育。鉴于此，我们有理由相信：随着基础教育课程改革的不断深入，学校物理教育将获得跨越式的发展。

第三节　物理教学的基本过程

教学过程是学生在教师的指导下，通过自己的学习活动，掌握知识，发展能力，逐步认识世界的过程。学生掌握知识的过程实质上是变前人的知识为自己知识的认识过程。从本质上看，教学过程就是一个认识过程。

一、教学的基本过程

教学的基本过程主要包括备课、讲课、练习与修改作业、课外辅导、成绩检查与评定。

（一）备课

1. 钻研教学和了解学生

（1）钻研教学大纲、教材和参考书，对教材力求"一懂二透三化"。

（2）注意介绍新知识、新技法及其表现和发展情况。

（3）了解学生，讲究因材施教。

（4）选择教学法。

（5）琢磨教学技巧、教学艺术。

2. 编写教案

教案内容包括以下几个方面：①班级、学科名称、授课时间；②课题、目的与内容、重点与难点；③课程的类型与结构安排、各部分时间分配和教学方法、提问安排、作业布置、重点突出和难点剖析方法；④演示器材或电教设备的准备。

（二）上课

（1）准时进入教室、准时下课，上课中途不得随意离开课堂。

（2）严格按照教案规定的时间、内容、方法讲课。

（3）注意调动学生的积极性，妥善处理课堂中出现的意外干扰，保证教学顺利进行。

（4）教师要注重仪容议态，力求朴素端庄、从容大方、精神饱满。语言力求准确、清晰、简练、生动、通俗、逻辑性强、速度适中，语调应抑扬顿挫。

（5）教师作范画时应注意照顾到所有的学生，应让学生看得到作画步骤。

（6）下课后负责撰写该班教学日志，注明学生出勤、纪律情况及教学效果。

（7）做好课后回忆，及时总结本课经验并写入教案。

（三）作业布置

1. 布置作业要求

（1）符合大纲范围和要求，有助于理解、记忆、巩固知识，形成技能、技巧。

（2）规定完成的作业要达到较高水平，注重训练的数量，熟能生巧。

（3）作业要求明确、富有技巧训练性质，力图结合实际问题、专业应用情况。

2. 作业批改

（1）按时批改、打分、发回。

（2）作业批改有全批、全改、部分批改、轮流批改等形式，采用何种形式应由科组长根据不同学科的要求和教师工作量决定，且批改应当认真。

（3）在"教学考查簿"上记录作业情况。

（4）注意将作业中普遍存在的问题（如学习态度、学习方法、思想方法及难以理解的问题等）记入教案，共性问题应在下次课或辅导中解决。实行典型作业展览。

（四）辅导

（1）教师应当根据课堂训练及作业批改中发现的问题有目的地进行辅导，如集中解答疑难、指导思考方法、端正学习态度，还应注意对缺课生、后进生进行重点辅导。

（2）利用课堂、课前、课后对学生进行辅导。

（五）成绩检查与评定

学生成绩检查与评定的目的在于促进学生的练习，巩固与运用知识，明确努力方向；帮助教师了解自身教学情况，改进教学方法；帮助领导了解教学质量，改进对教学工作的领导。

1. 学生成绩检查方法

（1）平时考查：包括作业、课堂练习、学期测验；（2）阶段考试：分课题性、阶段性测验，练习与考试时间在教学工作计划中规定。

2. 学生成绩评定

（1）按百分制评分，60分为合格；（2）评分标准按照高考的要求，评分应恰当、公正。

二、物理教学过程的基本特点

虽然学生掌握知识的认识过程与人类的认识过程基本一致，但也有自己的特点。首先，学生的认识过程是在学校内按照教学计划在教师的指导下进行的，这样就避免了前人认识上的弯路和歧途，可以在较短时间内掌握大量的知识，物理教学尤其如此。其次，对于所学过的知识要做到真正理解、巩固和应用，就要花费一定的功夫。所谓理解，就是运用已有的知识和经验去认识各种事物内部的种种联系、本质和规律的一种思维活动，但不等于所有的思维活动都是理解。学生在不同的学习阶段对某一事物有不同程度、不同水平的理解。例如，学生在学习光的知识时，最初只懂得光有明暗之分，随着学习的逐步深入，就渐渐理解了光不仅有明暗，还有色彩、光谱等，了解了光的本质。在学习直线运动时，只知道物体（质点）做匀速直线运动或变速直线运动，当我们学完了牛顿定律等其他内容后，就知道了物体在什么情况下做什么样的运动。理解是经过一定的过程逐步深入的，而且是掌握知识的重要环节。有些需要记忆的知识也需要在理解的基础上进行，这样记忆的效率较高。物理知识应是在理解的基础上掌握、巩固和应用。在学习过程中要求学生掌握探求知识的能力与方法，使学习达到一个新的高度。物理教学的过程应以观察和实验为基础，形成正确的物理概念和规律，培养学生运用所学基础知识解决某些实际问题的能力。

物理学的发展表明人类的物理知识来源于生产和对自然界的观察，特别是来源于物理实验，同时，观察和实验又是检验知识正确与否的标准。在进行物理教学时，必须十分重视观察和实验在学习物理知识过程中的重要作用，它是学生对所研究的物理问题获得必要的感性认识的基本途径，只有通过它，才能使学生深刻理解物理概念、规律是在怎样的基础上建立起来的，从而有助于形成正确的物理概念并加深对物理规律的认识，增强学生分析问题的能力并掌握一定的实验技能。在教学过程中，教师应加强演示实验和学生的分组实验，当然，有些演示实验还可以在教师的指导下让学生自己动手去做，培养学生运用所学有关概念和规律解释自然界及日常生活中某些常见的物理现象，解答有关的物理问题。不少学生反映物理难学，其主要原因就是不会运用所学基础知识来解决实际遇到的物理现象和问题。这就要求学生首先弄清楚问题的基本物理原理，并加以比较和分析。在物理教学中要着重培养学生运用物理基础知识解决实际问题的思路和方法，经常有意识地通过若干实例使学生明确物理概念，运用物理原理形成物理图像，注意学习思路和方法。这不仅可以加深他们对基础知识的理解，而且有利于他们分析问题、解决问题能力的形成，这是提高物理教学质量的关键。

在教学过程中，必须注意逐步使物理概念与数学运算相结合、定性分析与定量计算相结合。另外，虽然自然科学的其他学科都有各自的研究对象，但除了数学，都要以物理理论为研究基础。物理学的理论是其他一切自然科学和应用技术的理论基础，物理学的发展直接影响着其他科学技术的发展。在教学中要让学生意识到这一点，为学好其他知识打好基础。

综上所述，物理教学过程既有一般教学过程的特点，又有它本身的特点，这就要求我们仔细研究并明确物理教学过程的特点，从而提高课堂教学质量。

第四节　物理教学的应用现状

随着教育的不断改革、教学方法的不断创新，统观全局，目前教育素质有了飞跃的发展和进步，然而，从细处分析，教学中还存在很多的弊端。物理教学作为一般教学的教学方法也具有同样的弊端，这些弊端主要表现在以下几个大的方面：

一、只注重传统知识的传授和灌输

将学生作为一纯粹知识的载体或解题机器，忽视对学生创新能力的培养，如只知道一味地利用牛顿定律解题，而对牛顿定律的局限性不加任何怀疑和诠释，盲目地崇拜，机械地吸收；盲目地追求"背、多、分"，而忽略甚至是忘了教学的最初目的。

二、只注重自然科学重要规律的把握

忽视从整体上和本质上认识自然科学和物理学的主要现象和规律的内在联系，如只知道光的波动性和粒子性，不知道其辩证的统一性，只知道客观存在的电、磁的规律，不知道其本质上的一致性等。

三、只注重课本上纯学科知识的纵向挖掘和强化训练

忽视学科的横向拓展、边缘渗透，尤其与其他学科、现代科技、人文科学及现实生活的交叉联系；忽视学科知识与生活的实际联系，不具备知识迁移转化的能力。只专注对某些知识点强化训练的结果，导致学生成为一个个活生生的"题库"，沦为做题的机器。

四、命题只注重过度的抽象

与实际情况严重脱节，牵强附会，生编硬造，忽视对学生各种思维的训练，并没有使学生通过训练内化成他们自己的能力，这是目前普遍存在的现象，此等现象不胜枚举。

五、实验教学脱离实验本身的目的

实验教学只要求学生听懂、看懂，教条式地死记住，老师只管纸上谈兵指手画脚地讲，却忽略了培养学生的动手动脑能力，于是形成我国目前中学生的动手能力普遍偏差的状况，造就很多"高分低能儿"，口上夸夸其谈而动真的却又手足无措。实践能力与实际生活严重脱节，很多人在纸上对电路图分析得头头是道，实际生活中却不敢拆一个日光灯。

六、应试教育之苦

应试教育下的老师疲于奔命，而学生不堪其苦，成了解题的机器。走了太远太久，已经忘记了当初为什么要出发。《学会生存》中有一句话说"教育对人具有双重力量：一是开发人的创造精神，一是窒息人的创造精神"。显然，就我们现阶段的教学方法和教学手段所产生的力量是不言而喻的，其归宿实在令人担忧。

第五节　物理教学的科学性

辩证唯物主义思想始终贯穿在物理教学的整个过程中，因此物理教学具有科学性。这种科学性具体表现在物理教学过程中，就是教学思想、内容、方法的正确性、准确性与先进性。

一、教学思想的科学性

在物理教学的全过程中，学生都应当是学习的主体。我们认为坚持以人为本，树立全面、协调、可持续发展观，促进经济社会和人的全面发展，是科学发展观的本质和核心，也是当代教育发展理念的本质和核心。实际经验表明，要使物理课程的教学成为学生全面发展的基本途径，除了充分看重学生的人格、尊严和权利，还要调动学生自身的学习积极性，主动参加物理学习和探究。也就是说，在物理教学过程中，教师与学生的一切努力，说到底就是为了实现学生在心理行为上发生自我调节，发生知识的正迁移，从而培养能力，提高物理科学素养。

另外，物理教学应当体现物理学科独特的基本观点。它们主要是：实验的观点。靠观察和研究物理对象一般不确切，难以发现内在规律和本质性的东西，只有实验，才能对被观察的客体做出较正确的判断。量的观点。物理学总是喜欢运用数学的研究方法来分析简化问题，总是力求能够定量分析，尽可能从数量的关系上去把握物理意义，去挖掘其内涵和开拓其外延，从而更深刻地认识其本质规律。统计的观点。物理学认为物质的宏观特点是大量微观粒子行为的集体表现，宏观物理量是相应微观物理量的统计平均值，物理学在研究物质客观现象的本质时，根据物质结构建立在宏观量与微观量之间这一关系的基础上，一般都采用统计方法分析和解决问题。守恒的、对称的观点。物理学认为，自然界运动及其转化的守恒性具有两种不可分割的含义，一是自然界各种物质运动形式的转化，在质上也是守恒的。二是改变空间地点、方向或改变时间，物理规律不变；而把物理规律做"平面镜成像"式的空间反演或者经"时光倒流"式的时间反演，有些情况规律不变，有些情况规律发生了变化，前者称为"对称"，后者称为"破缺"（不对称）。研究表明，每一种时间变换的对称性都对应一条守恒定律。当物理理论同实验发生冲突或物理理论内部出现悖论时，往往会发生一些对称性的破坏，即破缺。这是应从更高的层次上建立更加普遍的对称性。

二、教学内容的科学性

教学内容既包括客观存在的教材也包括师生在课堂上进行双向交流的内容。

首先，教材所体现的知识结构体系是科学的，即教材中所阐述的物理概念和规律皆有充分的事实依据，物理定理、结论的推导皆有正确的逻辑推理。教材具有的科学性表现在以下方面：物理教材要讲清楚学生在各学习阶段应知应会的基本概念和规律、物理的基本观点和思想以及物理实验的一些基本技能；简要说明物理学的发展历程，使学生能够关注物理学对经济、社会发展的影响以及物理学与其他学科之间的联系；教材内容的选择、知识结构的编排要符合学生智能发展的规律，要符合学生心理认知规律。

教材具有科学性具体到物理教学中的例子。例如，在初中，要"改变学科本位"，有意淡化物理学科知识体系特有的逻辑结构；而在普通高中的物理教学内容中，这种"淡化"应当减弱；到了大学阶段，为能科学地给物理专业的学生提供一个完整的物理知识结构体系，则必须强调教学内容的逻辑结构。这是因为当教材的逻辑与学生的心理逻辑一致时，学生就会对这种"心理化的教材"产生浓厚的兴趣，从而主动积极地学习。

师生在课堂上进行双向交流内容的科学性，主要包括两条：其一是表述的物理知识内容要准确无误；其二是阐述物理规律要具备逻辑思维的严密，要对每一个物理现象、物理概念、规律都能正确地解释，并能准确地运用物理术语或图示表达出来。

三、教学方法的科学性

在中学物理教学过程中，不仅要注重对学生的启发教育，还要符合学生认知规律，做到这两点的教学方法才是科学的。

教师在物理教学过程中，设计的一切有利于学生主体发挥能动性的活动，是否能调动学生，是否能启发学生，这一点很重要。只有具备启发性的东西，才可能引起学生学习的注意、思考的兴趣，进而主动地去领悟、去理解、去应用。

学生要经历科学探究过程，认识科学探究的意义，尝试应用科学探索的方法研究物理问题，验证物理规律。在这个过程中，就需要教师合理的诱导、精心的组织安排，比如问题的设计、实验仪器的安排、物理情境的创设，从而启发学生积极主动地进入探究式学习。

凡是符合学生认知规律的教学方法都有存在的价值。就科学性而言，"循序渐进"是不应当被忽视的。中学物理教材的编写是按问题从易到难、从简单到复杂的顺序步步深入的。经常地复习巩固，及时发现和补救在知识与能力中的缺陷，使教学连贯进行下去，使中学生学习物理从不懂到懂、从懂到熟练掌握、从学会到会学……这就是循序渐进。

总之，不论是教师教物理还是学生学物理，只有符合学生认知规律的方法，才是科学的。

第六节　物理教学的重要性

物理学作为一门基础学科，它已经渗透到各个学科，物理学与其他学科的交叉渗透因而产生了一些新的学科。比如物理学和化学交叉产生化学物理学、材料物理学，和地理学交叉产生地理物理学，等等。由此可见，物理学在人类社会发展中的重要地位，因而物理教学也有着同样的重要性。物理教学的很多重要性表现在物理教学过程中，如坚持主动性、趣味性、有序性及实践性原则。

一、主动性原则

在中学物理教学中，要贯彻教师指导作用与学生学习主动性相统一的原则，其要求主要有三个方面：

第一，教师要善于激发学生的学习兴趣，助其形成正确的学习动机。学生的学习是一种能动的活动，它是在各种动机的影响下进行的，经常受学生的认识、愿望、情感的心理活动的支配。

所以应培养学生的学习兴趣，形成他们学习的内部诱因。学习动机与学习目的有密切的联系。实践证明，学生对即将进行的教学活动的意义和学习目的认识越明确，学习兴趣就越高，注意力就越集中，学习效果就越好。

教师的指导作用主要表现在能激发学生的求知欲和学习兴趣，培养学生在学习上的责任感。首先，教师在教学中以丰富、有趣，逻辑性、系统性很强的内容和生动的教学方法吸引学生的学习。其次，教师本身的情感更具有感染力，如果教师有强烈的求知欲，热爱物理学，以饱满的情绪带领学生探索物理世界的奥秘，就会对学生的学习兴趣和情绪产生积极的影响。

第二，注意创设问题情景，启发学生积极思考。学生的积极思维常常是从遇到的问题开始的，教师应为学生创造独立思考的条件。为此，教师要根据教科书的特点和学生的实际情况，不断提出难易适度、环环相扣的问题，以引导学生积极思考。

第三，要培养学生自主探究的能力，养成良好的学习习惯。学生学习的自觉性、积极性不仅表现在对物理学习必要性的认识和具有强烈的物理学习兴趣和需求上，而且还表现在能开展独立思考，具有自主学习的能力上。在教学中，教师要利用谈话、讨论等方法来启发学生把握方向、认真钻研、获取结论，逐步减少对教师指导作用的依赖性。

二、趣味性原则

物理教科书中有许多成比例，有组织，呈对称，简单、和谐与多样统一的内容，它们被表现在理论体系、科学概念、数学方程的结构和系统中，表现在逻辑结构的合理匀称和丰富多彩的相互联系里，表现在若干观察与实验的新鲜奇妙上。物理学所蕴含的趣味性要求老师在教学的过程中正确地引导、恰当地呈现，从而激发学生学习和探索的兴趣。

物理学中蕴含一种"科学的美"，正确的引导、合适的材料选择都有助于学生悟出这种"科学美"，从而获得一种美的享受。把趣味性归还给学习过程，实际上是要求教师在教学过程中做到美感的互通、敬业的互通。教师要怀美而教，学生要求美而学，这就要求我们努力挖掘中学物理教材中各种美的因素、各种充满趣味性的内容，适时地激发起求知的欲望和创造的热情。

教师上课时对学生的热爱、理解和期待的美意表现为精心设计的教学程序、巧妙构思的设问或演示，还有规范的操作、工整的板书、和善的态度等，从而激励和感动学生。学生学习时对祖国、人民和老师的责任感、信任和爱戴的美意表现在对物理学科知识学习的必要性，在学习中既专注又主动，通过积极认真的钻研，进一步感悟学习物理的乐趣，从而支持和感动教师。

三、有序性原则

有序性原则是指教学活动要按照学科的逻辑结构和学生身心发展规律，有次序、有步骤地进行，以期使学生有效地掌握系统的知识，促进身心健康发展。

有序性原则在教学中的应用体现在中学物理课程标准和教科书的具体内容上。它要求课程标准和教科书的内容必须保持最合理的体系和结构，要依据学科的逻辑顺序和学生不同年龄阶段发展的顺序特点编写。教科书的每一部分都要有逻辑联系，后面的内容应建立在前面内容的基础之上。

教师在把书本内容具体化为适合教学活动的教学内容时，应把学科结构改造成适合某一学习阶段学生能普遍接受和理解的形式，使其范围、深度、进度能同自己的教学对象的实际水平相适应。

在教学中，贯彻有序性原则，应遵循以下三个方面的要求：

第一，教学过程的有序性。有序性原则还要体现在拟订教学进度计划、安排阶段总结、组织课外学习活动等过程中，但最重要的还是要抓好课堂教学的顺序。一般来说，课堂教学要遵循一定的教学秩序，但教师又不能把课堂教学基本阶段的某种顺序绝对化，而是要根据教科书的特点、学生的认识水平、学习程度和教学的物质基础条件来安排讲课顺序。在教学过程中，教师要善于把教科书的内容化难为易、化繁为简；坚持由近及远、由已知到未知，深入浅出地讲授，使学生顺利地掌握。

第二，教学内容的有序性。教师必须掌握好教学内容体系，掌握知识与知识之间的衔接关系，并将其很好地反映在教学设计中，力求使新教材与学生已有的知识密切联系起来，逐步扩大和加深学生的知识。但是，在教学实践中，还必须突出重点和难点。学生真正掌握了教学内容的重点，就能以点带面、举一反三，理解难点，就可以突破学习障碍。所以教师应在教科书的重点和难点上多下功夫。

第三，学生学习的有序性。有序性原则，既要体现在教师的活动上，还要体现在学生自身的学习中。学生的学习是一个循序渐进过程，应该日积月累、系统地进行待学习。因此，教师应通过系统传授知识和必要的常规训练，培养学生踏实、系统学习知识的良好习惯。学生在学习过程中，要学会合理地规划学习活动；对所学知识的漏洞或缺陷应及时弥补；坚持在掌握前一阶段知识后，再进入下一阶段的学习。这样，才能顺利地掌握系统的知识和技能。

四、实践性原则

实践性是指由物理学科特点和中学生认知规律所决定的教学实践；还有由物理与技术、物理与社会紧密联系所决定的教学实践。

通常，物理学家总是先通过观察与实验认识物理对象特征，再凭借理性思维提出假说，建立理想模型，运用数学对假说进行定量描述，最后还要用观察与实验对定量描述的内容加以检验和修正，使假说成为科学结论，即完成第一层次循环。随着研究的不断深入，可能会出现一些理论解释不了的新问题，需要采用更先进的研究手段，从而进入下一个层次的循环，以达到认识的深入和理论的更趋合理及完善。可见，物理学是以科学观察与实验等实践活动为基础建立起来的科学，物理学的这一特点决定了物理学的概念、规律都植根于观察与实验。

中学生学习物理要先获得感性认识，通过观察实验，再现生动、鲜明的物理事实，使教师要教、学生要学的物理知识被活化和物化，这对智力发展水平处于"过渡期"的中学生来说，无疑是必不可少的。不重视观察与实验的物理教学是没有完成教学任务的教学；不重视引导学生观察与实验的教师是不负责任的教师；不重视观察与实验的学生是难以学好物理的学生。

实践性原则还要求我们，要坚持物理与技术、社会联系的教学实践。物理科学提供知识，解决理论问题；技术提供应用知识的手段和方法，解决实际问题；社会则要求以一定的价值观念作指导，使物理科学与技术相结合真正造福于社会。众所周知，技术的设备、工艺和相应工程都运用到物理学知识。然而，物理与技术的结合，并不全是造福于社会的。比如，核武器是物理与技术结合的产物，它至今仍在威胁着地球的生存与人类社会的安宁。科学技术是一柄"双刃剑"，用得不好，它不仅不能造福于社会，反而还会祸害社会。虽然物理科学理论本身不具有情感、态度与价值观，而物理知识的应用要面向社会，应用物理知识的人却具有情感、态度与价值观，因此，我们的物理教育、教学必须坚持把物理知识与现实的生产、生活联系起来，把学习与应用联系起来，让学生在实践中培养起正确的社会责任感，以及正确的情感、态度与价值观。

五、全面性原则

在物理教学中，全面性原则是指师生在认识和做法上要考虑周全。

（一）知识、能力和科学素养的全面提高

物理知识的教学是物理教学的主要内容和形式，但它不是唯一的，学生各种能力与科学素养的发展要渗透其中。学生通过演示和各种类型的实验教学，培养自身的观察、实验能力；通过形成物理概念、掌握物理规律的过程，培养自身的各种思维能力；通过物理教材内容中客观存在的辩证唯物的思想、各种科学美的因素、各种严谨求实的事例，陶冶自身的高尚情操与品德……而相当数量的渗透就足以使人感知方法并获得各种能力，进而通过不同学科所培养的同一能力的内聚，进一步提高对科学知识以及科学研究过程的理解。另外，对科学、技术和社会三者相互影响的理解，也能进一步提高自身的科学素养。因此，知识的学习、能力的培养、科学素养的提高，是需要而且可能在物理教学中统一起来的。在物理教学过程中，无论是教还是学，都要把知识、能力、科学素养三者统一起来。

（二）因材施教，面向全体

中学物理教学必须面向全体学生，注重全面打好物理知识的基础，使每个学生都能有效地学习物理。另外，要承认差异，并根据具体存在的差异，采取不同的教学方法，因材施教，让学生的个性特长在教学过程中得到发展，从而促进物理学习。

就物理教育而言，理工医农类的大学专业均开设有物理课程，而一些人文学科专业在提倡综合素质教育、搞课程改革的试验中，也有把物理中的一些内容选进该专业的教材中或列入选修课程的。但在大学里，更提倡自主学习，教师的主要责任在于告诉学生，如何去发现自己在物理学科知识方面的不足，然后主动去调整和完善自己的知识结构。

（三）继承且发展

学生学习的是前人总结的物理知识和物理技能，这是继承。大量调查结果表明，学生离开学校后，很难记住也不会用到很深的物理知识和专业性很强的物理研究方法，他们能够长期记住和受益的是物理学教使用的、物理教学倡导的科学思想方法、物理教学所培养的能力以及非智力因素的发展。

因此，我们既要看到物理学为其他自然科学和工程技术的奠基，又要看到物理学科的文化教育功能，让接受物理教育的每位成员视角更新、更全面。另外，只有学生的自学能力提高了，懂得学什么和怎样学了，其智力水平才算真正提高了，也只有达到这一目标，物理教学才算是成功的教学。

第二章 物理课程论

第一节 物理学的概念与定义

一、物理学的定义和简介

物理学是主要研究宇宙间物质的基本结构、相互作用和物质最基本、最普遍的运动形式（机械运动、热运动、电磁运动、微观粒子运动等）及其相互转化的规律的科学。

物理学早期称为自然哲学，是自然科学中与自然界的基本规律关系最直接的一门自然学科。它主要研究宇宙间物质各层次的结构、相互作用和运动规律以及它们的实际应用前景。

物理"physics"一词出自希腊文，表示"自然"的意思，"物理"一词的"物"指物质的结构、性质；"理"指物质的运动和变化规律。

二、物理学的发展历史

从早期物理学从自然哲学科学中分离出到17世纪牛顿力学的建立，再到19世纪电磁学基本理论的奠定，物理学才逐步发展为一门独立的学科。当时的主要分支有力学、声学、热力学和统计物理学、电磁学和光学等经典物理学。20世纪初，由于相对论和量子论的建立，这使物理学的研究从宏观领域的研究转到微观领域，开启了物理学的新历程，也促使物理学各个领域向纵深方向发展。不但经典物理学的各个分支学科在新的基础上得到深入发展，而且形成了许多新的分支学科，如原子物理、分子物理、核物理、粒子物理、凝聚态物理、等离子体物理等；还萌生了许多技术学科，如核能与其他能源技术、半导体电子技术、激光和近代光学技术、光电子技术、材料科学等。不仅如此，随着物理学的发展发生了与其他学科的交叉，从而产生了新的学科，比如化学与物理学的交叉形成了物理化学和化学物理学、化学与生物学的交叉形成了生物化学和化学生物学、物理学与生物学交叉形成了生物物理学等。物理学的这些发展有力地促进了生产技术的发展和变革。

19 世纪以来，人类历史上的四次产业革命和工业革命都是以对物理学某些领域的基本规律认识的突破为前提的。当前，物理学科研究的快速突破发展导致技术变革所经历的时间正在缩短，从而使物理学与许多高技术学科之间形成一片相互交叉的基础性研究与应用性研究相结合的宽广领域。物理学科与技术学科各自结合自身的特点，从不同的角度对这一领域进行研究，促进了物理学的发展和应用，加速了高技术的开发和提高。

三、物理学的研究方法

物理学研究的一般步骤为：实验—理论—实验—新的理论。通过观察、实验、得到事实和数据；用已知的可用的原理分析事实和数据；形成假说和理论解释事实；预言新的事实和结果；修正更新旧的理论，形成新的理论。

也可以是：理论—实验—正理论—实验的理论。

首先提出理论假设；然后基于这种理论假设，设计实验；根据实验的事实数据修正或是验证理论的正确性；再设计符合理论的相关实验；通过实验数据验证理论，得出新的理论。

在具体操作过程中涉及的物理研究方法有以下几种：

理想模型法。为了便于想象和思考研究问题，把复杂的问题简单化，抛弃次要因素，抓住主要因素，对实际问题进行理想化模型处理。物理学运用此种研究方法的例子有很多。例如，研究光的传播引入了光线；研究磁现象引入了磁感线；研究肉眼观察不到的原子结构引入原子核式结构模型；研究液体压强引入液柱模型等。

理想实验法。以大量可靠的事实为基础，以真实的实验为原型，通过合理的推理得出物理规律，是一种逻辑推理的思维过程和理论研究的重要方法。物理学运用此方法的例子有牛顿第一定律、真空不能传声、探究自然界中只存在两种电荷。

控制变量法。就是把一个由多种因素影响某一物理量的问题，通过控制某几个因素不变，只让其中一个因素改变，研究这一因素对这一物理量的影响，通过多次改变不同的因素，从而转化为多个单一因素影响某一物理量的问题的研究方法。物理学运用此方法的例子也很多。例如，研究浮力大小与哪些因素有关；研究摩擦力的大小与什么因素有关；研究压力的作用效果跟什么因素有关；研究物体的动能与质量和速度的关系；研究动能（或重力势能）的大小与什么因素有关；研究滑轮组的机械效率与哪些因素有关；研究液体的压强与液体的密度和深度的关系等。

还有诸如等效替代法、转换法、积累法、放大法、模拟法、观察法、类比法、归纳法等，在此不再一一赘述。

四、物理学发展对人类社会的影响

爱因斯坦说："我深信深化理论的进程是没有止境的。"纵观人类进步的发展史，始终伴随着物理学的重大突破。例如，牛顿力的学建立，热力学的发展，带来的是第一次工业革命；19世纪法拉第—麦克斯韦电磁理论为第二次工业革命打下了基石；20世纪相对论、量子力学的发展促使半导体、激光、核磁共振、超导、红外遥感、信息技术的发展，是人类进入微观物理领域的高科技时代。

物理学不仅仅促使人类文明向前发展，也给人类生活带来了不可估量的价值。

科学的价值。物理学所研究的内容性质决定了它是整个自然科学的重要基础学科，是许多高新技术的重要源泉，是工程科技的重要基石。很多革命性的技术发展都得益于物理学的研究突破。例如，人类飞天技术的不断发展、计算机技术的不断超越、生命科学进入原子研究领域等，都离不开物理学这块基石。

审美价值。在西方古代，毕达哥拉斯学派就已经把对自然奥秘的探索与对自然美的追求统一起来了。以相对论和量子力学等为代表的现代物理学革命的兴起在更大的程度上推动了科学美学的发展。"干物理得有鉴赏力。"著名物理学家费因曼曾如是说。物理学的审美价值还表现在它具有浓厚的简洁性、对称性、守恒性。人们相信越是具有普遍性的物质越具有美感。

第二节　物理学的内容与特点

物理学科作为一门基础学科，推动了其他学科诸如天文学、化学、生物学、地学、医学、农业科学等的发展，其表现在物理学基础研究过程中形成和发展起来的基本概念、基本理论、基本实验手段和精密测量方法等，都是可以被其他学科直接采用的。随着各学科的不断融合，随之产生了一些新的交叉学科，如化学物理、地球物理、生物物理、大气物理、海洋物理、天体物理等。

随着科技的发展，物理学也不断细化，产生新的分支学科。物理学科的分支学科有理论物理、原子和分子物理、凝聚态物理、等离子体物理、声学、光学、无线电物理以及粒子物理与原子核物理等。

一、理论物理

理论物理是从理论上探索自然界未知的物质结构、微观相互作用和物质运动的基本规律的学科。它是一个国家科学素养发展水平的直接反映。理论物理的研究领域涉及粒子物理与原子核物理、统计物理、凝聚态物理、宇宙学等。它是物理学各分支学科的基石，包含了几乎各分支学科的所有理论研究。

理论物理是在实验现象的基础上，以理论的方法和模型研究基本粒子、原子核、原子、分子、等离子体和凝聚态物质运动的基本规律，解决科学本身和高科技探索中提出的基本理论问题。

二、凝聚态物理

凝聚态物理学是从微观角度出发，研究由大量粒子（原子、分子、离子、电子）组成的凝聚态的结构、动力学过程及其与宏观物理性质之间的联系的一门学科。凝聚态物理是固体物理的外向延拓。凝聚态物理的研究对象有晶体、非晶体与准晶体等固相物质，也包含稠密气体、液体以及介于液态和固态之间的各类居间凝相，如液氦、液晶、熔盐、液态金属、电解液、玻璃、凝胶等。凝聚态物理学随着技术的发展出现了很大的突破，已经形成了超越固体物理学研究的理论体系。伴随着新的分支学科不断涌现，从而使凝聚态物理学成为当前物理学中最重要的分支学科之一。目前凝聚态物理学正处在发展的兴旺时期。另外，由于凝聚态物理学的基础性研究往往与实际的技术应用有着紧密的联系，凝聚态物理学的成果是一系列新技术、新材料和新器件，在当今世界的高新科技领域起着关键性的不可替代的作用。近年来，凝聚态物理学的研究成果、研究方法和技术日益向相邻学科渗透、扩展，有力地促进了诸如化学、物理、生物物理和地球物理等交叉学科的发展。

三、原子与分子物理

原子分子物理学研究原子分子结构、性质、相互作用和运动规律。现代物理学是伴随着对原子分子物理研究而开始的，也是它打开了微观世界的大门。原子、分子和团簇是物质结构从微观过渡到宏观过程的必经层次和桥梁。从天体到凝聚态、等离子体，从化学到生命过程都与原子分子的研究密切相关。它渗透面宽，基础性强，应用广泛。它不但为物理学各分支学科提供理论基础，而且在能源、材料、环境、医学和生命科学及国防研究中发挥着重要作用。

原子与分子物理学研究原子结构与原子光谱，分子结构与分子光谱，原子分子与电磁场的相互作用，原子分子的非线性光学性质，物理学基本定律的验证和基本物理学常数的精密测量等。

四、光学

光学是研究光辐射的性质及其与物质相互作用的一门基础学科。光学既是一门古老的学科，又是现代具有新生活力的学科。这主要是因为激光的问世，为光学的研究开启了新纪元，使光学再度成为人类探索大自然奥秘的主要手段及前沿学科，带动了科学技术和工业的革命性变化。激光为人类提供了性能奇特的相干光源，一系列新的光学分支如非线性光学、量子光学、光电子学、原子光学等随之不断涌现。激光与其他技术的结合又生成了新的交叉学科，如激光化学、激光生物学、激光医学、光量子信息科学等。激光的应用也越来越广泛，从核聚变、光通信、光信息处理到印刷、记录技术等。近年来飞秒高功率激光、X射线激光、光集成、光纤技术、激光冷却、光量子通信、量子计算机和量子密码术飞速发展，使光学的地位与日俱增。

光学主要研究光的产生、传输与探测规律，光与原子、分子、凝聚态物质、等离子体相互作用的线性和非线性光学过程及光谱学特征，研究光学与其他学科交叉的有关问题及应用。

五、等离子体物理学

等离子体物理学主要研究等离子体的整体形态和集体运动规律，等离子体与电磁场及其他形态物质的相互作用。等离子体是宇宙中最广泛存在的物质状态，认识和掌握各种条件下等离子体运动规律是人类认识宇宙中各种现象的基本前提。所以，等离子体物理是研究太阳、恒星、行星际介质和银河系的基石之一。等离子体物理作为物理学一门年轻的分支学科，正在展现它的活力和价值。

等离子体物理学研究为能源的解决带来了希望。通过受控核聚变来发展用之不竭的清洁能源已成为人类摒弃石油能源、煤炭能源等旧的污染能源的不二选择。然而，聚变概念的改进和聚变实验堆的优化均要求改善约束和加热等离子体的方法。掌握高温等离子体的运动规律是实现受控聚变的关键。

等离子体物理学研究太阳等离子体热核能量的输出和传输，研究磁层和电离层中能量的转化和分配，对于保障地球环境有深远的意义；空间等离子体物理学研究能为保障航天安全和空间应用的正常进行提供理论依据；研究电离层等离子体环境及其对电波传播的影响，能够起到保障和改善通信、导航和授时精度的重要作用。

诸如微电子、半导体、材料、航天、冶金等，都离不开等离子体加工处理技术。而等离子体技术在灭菌、消毒、环境污染处理、发光和激光的气体放电、等离子体显示、表面改性、同位素分离、开关和焊接技术方面的应用创造了极大的经济效益。

等离子体物理学研究还涉及一些高技术开发领域，如相干辐射源的研制和粒子加速器。这些项目已在能源、国防、通信、材料科学和生物医学中显现出不可替代的作用。

等离子体物理学还提出了一些带有共性、密切相关的基本问题，诸如波和粒子相互作用与等离子体加热、混纯、湍流和输运、等离子体鞘层和边界层、磁场重联和发动机效应等。这些问题构成了等离子体物理未来进一步发展的核心部分。

六、声学

声学主要研究声波的产生、接受机理和其在各种媒质中的传播规律与相互作用原理。近代主要有非线性声学、声与光、声与热等，它们与近代物理学的其他分支有密切的关系。声学与电子学、计算技术、信息科学等均有交叉领域，它是一门交叉性极强的边缘学科。声学的研究应用渗透到国民经济、国防建设、科学研究乃至文化艺术的不同领域，既致力于当今科学的前沿领域又重视应用基础研究方面。声学已成为与前沿科学、高新技术一样的不可或缺的应用学科。声学还分为不同的研究分支，如非线性声学、光声科学、超声学、环境声学和电声学、语音信号声学。

七、无线电物理

电磁场和波是自然界最基本的物理现象。电磁场和波的研究为现代电子信息科学技术提供了应用方面的技术。无线电物理研究电子信息科学技术中电磁场和波与物质相互作用和信息传输的理论、方法及技术。无线电技术是现代电子信息科学的基础，在电子高科技中有极为广泛的应用。例如，现代高频高速电子技术、空间和城市无线通信、雷达与天线技术、广播与电视、光声电耦合技术、电磁兼容技术、微波超导、新型复合材料诊断、生物医学电子工程、地球物理能源资源探测、射电天文等，都是无线电物理的研究领域。

无线物理研究的具体范围有电磁场与微波、天线与电波传播、复杂系统中电磁散射辐射与传输、空间遥感理论与技术、计算电磁和计算电子学、通信中的波传输、数字传输理论与技术、毫米波理论与测量技术、微波超导、微波等离子体等。

八、粒子物理与原子核物理

本学科研究粒子（重子、介子、轻子、规范粒子和夸克等）和原子核的性质、结构、相互作用及运动规律，探索物质世界更深层次的结构和更基本的运动规律。粒子物理和核物理的研究处于整个物理学研究的最前沿。由于宇宙中大量核过程的存在，这门学科对于认识物质世界宏观阶段，即天体的形成和演化的规律起着重要的作用。粒子物理和核物理的实验研究对极为精密和极为复杂的仪器设备以及先进实验技术的需求是高新技术发展的推动力之一。由于各种大型加速器的建立和各种新型探测技术的发展，以及基于规范场理论（QCD）的创立，我们能够从夸克和胶子的动力学出发来研究强相互作用、强子和原子核结构以及新的强子物质的形成和性质。高能重粒子碰撞形成的极高温度和密度条件下可能产生的强子物质，即夸克—胶子等离子体的研究，对以 QCD 为基础的新的强子态的研究、对超新星爆炸核物理的研究、对新元素的合成、奇异核的产生及原子核的超形变和高自旋态的研究，以及对 QCD 非微扰问题的研究等引起了人们广泛的关注。随着对这些具有挑战性问题的深入了解，人类对物质世界更深层次的结构和运动规律的认识必将进一步深化。

原子核物理和粒子物理主要研究范围包括：原子核物理和粒子物理的理论研究和实验研究；原子核物理与粒子物理同其他学科交叉领域的研究。

第三节　物理教学大纲

物理知识在现代生活、社会生产、科学技术中有广泛的应用。物理学的研究方法对于探索自然具有普遍意义。物理课作为一门基础自然学科，在教学中具有很重要的分量。物理教学应该遵循教育要面向现代化、面向世界、面向未来的战略思想。学生在物理课程中学到物理基础知识和实验技能，受到科学方法和科学思维的训练，以及接触到严谨科学态度的熏陶，这对于他们提高科学文化素质、适应现代生活、继续学习科学技术，都是十分重要的。

一、教学目的

（1）使学生对物理知识体系有一个全面系统的认识，对物理基础知识和其实际应用有全面的掌握，了解物理学与其他学科以及物理学与技术进步、社会发展的关系。

（2）培养学生的观察和实验能力，科学思维能力，分析问题和解决问题的能力，使其具有严谨的、科学的科学研究态度。

（3）培养学生学习科学的志趣和实事求是的科学态度，树立创新意识，结合物理教学进行辩证唯物主义教育和爱国主义教育。

二、课程安排

物理课程安排分为两类：一类为必修物理课，另一类为选修物理课。必修物理课为全体学生必须学习的课程，选修物理课为学有余力的学生学习的课程。这样既兼顾了基础稍薄弱的学生，又能使学有余力的学生不会因为太简单的内容而失去学习兴趣。

三、教学内容的确定

教学内容应当有利于提高学生的科学文化素质，有利于他们进一步学习，以适应现代化社会下的新型人才的培养目标。

不能一味地追求课程的新颖而忽略了基础知识的学习，要强调加强基础，把那些最重要、最基本的主干知识作为课程的主要内容。教学内容应当随着时代而有所更新。要处理好经典物理与近代物理的关系，适当增加近代物理的内容，并在经典物理知识的教学中注意渗透近代物理的观点，拓展学生的思路和眼界。

物理知识有广泛的应用，物理教学内容应该包括与基础知识联系密切的实际知识。物理教学要注意联系生活实际，这样既有利于学生对物理知识的直观认识，又有助于增加他们的学习兴趣。要引导学生弄清实际问题中的物理原理。要介绍与基础知识有密切联系的现代科学技术成就。

学生不仅要学到物理知识的结论，而且应该了解知识产生和发展的过程，了解人类对于自然界的认识是怎样一步一步深入的。了解物理在人类社会进程中发挥的重要作用，以及物理的发展历程和思想演变过程。

教学内容的程度和分量应该难易适度、负担合理，课时安排要留有余地，以利于学生生动活泼地、主动地学习和发展。

（一）培养学生独立思考的习惯和能力

要积极改革教学方法，灵活运用各种教学模式，注意研究学生的心理特征和认知规律，善于启发学生的思维，激起学习兴趣，使他们积极、主动地获得知识和提高能力。鼓励学生大胆探索，培养质疑的习惯。重视在学习过程中试错的价值。对一些适当的内容可以组织学生讨论式地学习，增加课堂的活跃度。要根据实际情况，因材施教，针对不同的学生提出不同的要求，使他们都能积极、主动、有效地学习和发展。

在培养学生独立思考的习惯和能力的过程中，教师讲课不宜过细，要给学生留出思考、探究和自我开拓的余地，鼓励和指导他们主动地、独立地钻研问题。要结合现代有利的教学条件，鼓励引导学生自己探索问题答案的方法。学会阅读教科书，学会自己归纳所学的知识和方法。要提高学生获取新知识的能力，学会独立地收集信息和拓宽知识面。

（二）重视物理概念和规律的教学

物理的概念知识可以说是构成了整个物理知识非常重要的一部分。注重物理概念的教学，有利于学生理解物理知识的结构联系以及区别。物理概念的知识重在理解概念和规律的建立过程。应该使学生认清概念和规律所依据的物理事实，理解概念和规律的含义，理解规律的适用条件，认识相关知识的区别和联系。概念和规律的教学要思路清楚，使学生知道它们的来龙去脉，真正理解其中的道理，领会研究问题的方法。

物理概念的教学中还要注意概念和规律来源的物理事实，加深学生对物理知识运用到实际生活中的理解。使学生学会运用物理知识解释现象，分析和解决实际问题，并在运用中巩固所学的知识，加深对概念和规律的理解，提高分析和解决实际问题的能力。

教学必须分清主次，突出重点。对重点的概念和规律，要使学生学得更好些，并充分发他们在发展智力、培养能力和树立科学精神方面的作用。概念规律的学习应该注意循序渐进，知识要逐步扩展和加深，能力要逐步提高。

学习物理概念和规律的知识重在学生对一部分知识的充分理解，应该花一定的精力想方设法使学生对这一部分的知识吃透。有些教师急于检验学生学习的情况，以致安排了太多的习题练习和讲解，这是本末倒置的做法，应该避免。应当让学生认识到，解题要经过独立思考，不能机械地套用某种类型，这样才能切实有效地提高学习能力。

（三）加强演示和学生实验

实验作为物理理论的建立验证中不可或缺的环节，自然在教学过程中有着重要的作用。物理实验的教学既有利于学生对物理理论知识的建立的基础有一定的认识，又有利于培养他们严谨的科学研究态度。不仅如此，物理实验的演示和教学还有利于调动课堂的气氛，带动学生的学习积极性。观察现象、进行演示和学生实验，能够使学生对物理事实获得具体的、明确的认识，这是理解概念和规律的必要的基础。观察和实验对培养学生的观察和实验能力、培养实事求是的科学态度、引起学习兴趣，具有不可代替的作用。

现代计算机技术已高度发展，有条件的地方在物理实验教学中应充分利用这一优势，开创不同内容形式的实验教学。学生实验的要求应该切实达到。有条件的学校应该适当增加学生实验的数目，特别是增加探索性的实验。教师要充分发挥学生做好实验的主动性和积极性，加强对学生实验的指导。应该要求学生认真思考，手脑并用，既要独立操作，又要善于与别人合作。

（四）注重能力的培养

单纯的物理知识灌输并不能培养出具有独立思考、解决问题能力的学生。物理教学必须注意培养学生多方面的能力。加强能力的培养，是物理教学的重要任务。

培养学生多方面的能力，在物理方面主要要求学生具备观察现象、独立思考、总结一般规律的能力。具体在实际中要求学生观看演示和学生自己做实验，以期培养他们的观察能力和实验能力。学生要具备的观察能力主要是能有目的地观察，能辨明观察对象的主要特征，认识观察对象所发生的变化过程以及变化的条件。学生要具备的实验能力主要是明确实验目的，理解实验原理和方法，学会正确使用仪器进行观察和测量，会控制实验条件和排除实验故障，会分析处理实验数据并得出正确结论，了解误差和有效数字的概念，会独立写出简要的实验报告等一些实验中应具备的基本能力。

要通过概念的形成、规律的得出、模型的建立、知识的运用等，培养学生抽象和概括、分析和综合、推理和判断等思维能力以及科学表达能力。

数学的统计学原理和逻辑推理原理在物理学中有重要的应用。逐步培养学生运用数学处理问题的能力，也是物理教学中一个重要的目标，也有助于学生在以后的物理学习和研究中对物理现象的分析和总结。具体的要求主要是要求学生理解公式和图象的物理意义，运用数学进行逻辑推理，得出物理结论。要学会用图像表达和处理问题。既重视定量计算，也重视定性和半定量分析。

要通过知识的运用培养学生分析和解决实际问题的能力。要求学生能运用所学的概念、规律和模型等知识对具体问题进行具体分析，弄清物理过程和情景，明确解决问题的思路和方法，逐步学会灵活地分析和解决问题。

（五）密切联系实际

物理学来源于自然，所以物理教学必然也不能脱离生活实际。物理教学的联系实际，既有助于学生对物理学的深入了解，又有助于物理知识的具象化。物理学教学联系实际的方法包括观察自然现象、现代生活、科学实验、各种产业部门中的实际问题，以及了解现代科学技术的发展等。要注意联系当前普遍关心的社会经济问题，如能源、环境等问题，使学生理解物理学与技术进步、社会发展的关系，从更广阔的角度认识物理学的作用。

要培养学生的应用意识，既重视科学家的发现，又重视发明家的发明。要引导学生关心实际问题，有志于把所学物理知识应用到实际中去。

（六）开展课题研究

对课题的研究过程是全面培养学生综合运用所学知识的能力、收集和处理信息的能力、分析和解决问题的能力、语言文字表达能力以及团结协作能力的重要方法。课题研究活动还有利于培养学生独立思考的习惯，激发学生的创新意识。课题研究主要着眼于科学能力与意识的培养，而不在于具体知识的学习。

教师在这一过程中起指导的作用，鼓励学生发挥自己的能动性，运用各种所学知识和方法，积极地解决问题。应特别避免老师对研究的步骤和规范的指导，以免限制学生的潜力。

研究课题可以大致分为探索性物理实验、科技制作、新科技问题的学习报告、社会调查、扩展性学习等几个不同的类型。教师可以根据不同学生的特长和兴趣向学生推荐不同的课题研究。

课题的研究成果可以是小论文、科学报告，也可以是制作的仪器、设备。

课题研究应该以课内课外结合的形式进行。应给出充足的时间，对课题研究开展讨论和总结。

（七）发挥物理课程在观念、态度领域的教育功能

物理课程要使学生受到相信科学、热爱科学的教育，引导学生思考科学技术与人类社会的相互关系。要使学生在学习知识的同时潜移默化地受到辩证唯物主义教育，要培养学生实事求是的科学态度，教育学生从实际出发，尊重事实，按客观规律办事。

思想教育要结合有关的教学内容，采取多种形式，生动活泼地进行，使学生易于接受。

四、必修物理课的教学内容和要求说明

（1）必修物理课是基本要求的物理课，内容和要求应该着眼于提高学生的科学文化素质，教学内容应该包括物理知识的主要方面。

（2）必修物理课要培养学生的观察和实验能力、科学思维能力以及适应现代社会生活的能力。贯彻国家的教育方针，为实现普通高中的任务和培养目标更好地做出贡献。

第四节　物理课程内容的制定原则

一、生活化与学科化相统一的原则

　　义务教育物理课程标准中提出了"从生活走向物理，从物理走向社会"的课程理念。强调物理课程应该注重生活化。传统的物理课程总是不自觉地以物理学科的学科结构为依据选择课程内容。这种现象成为课程内容选择的学科化。我们认为，过于关注学科结构的课程，易远离学生的生活，而过于生活化的课程，易淹没学科的基本结构，因此，课程内容的选择，应坚持学科化与生活化相统一的原则。

　　物理教学的一大目的就是介绍人类已经对自然界认识的成果，并且传授这一知识。依据学科结构选择的课程内容，有利于文化知识的传递与发展，有利于保持学科知识的系统性和结构性。物理学科的课程内容是在长期的知识沉淀中选择的。物理学本身具有自身的逻辑体系，课程内容学科化的课程往往具有较强的逻辑体系和系统性，这对培养学生的逻辑思维能力和掌握学科的基本结构均具有好处。但是，过分地强调课程内容学科化容易导致两个不利的后果：一是封闭的课程系统，使得各学科间隔膜较厚，学科间的联系缺乏，长期学习这样课程的学生，容易导致学术视域变窄，难以用整体的、联系的知识去解决问题；二是封闭的学科难以联系生活、联系社会，难以开放性地吸收最新科技、文化成果，从而抑制了课程内容的更新。由此可见，课程内容学科化既有利又有其弊端。注重课程内容生活化，平衡课程内容的学科化，只有这样才能使物理课程联系生活实际、联系社会。

　　课程内容生活化要求选择现实生活中的知识进入课程。在课程中主要体现在两个方面：一是从现实生活特例和具体问题情景中发现学科知识，这就要求学生结合个人认识、直接经验和现实世界，归纳思维方式；二是运用学科知识去分析生活现象，解决实际问题，使学科知识获得直观、感性的整体意义，这需要学生把获得的抽象知识通过演绎的方式具体化。第一方面的课程内容有利于激发学生的学习积极性，因为学生与自然、社会联系紧密，从生活中积累了大量的认知知识的背景，由此而产生的对生活现象的猜想与解释需要在物理课程学习中加以印证，所产生的疑问需要在物理课程的学习中加以解答，贴近生活的知识也就容易激发学生学习的热情。第二方面的课程内容有利于学生应用所学的物理知识解决生活中的实际问题，既提高了知识的理解与接受程度，又展示了知识的社会价值，还可以提高学生的实践意识和分析解决问题的能力。再者，与社会生活紧密联系的知识学习，有利于拓展学生的视野，增强社会责任感。

物理课程内容联系生活实际的重要性已不言而喻，但也应避免过犹不及的现象。超越一定的限度，就容易陷入经验主义和实用主义的泥潭。过度地联系生活实例容易削弱课程启发人的理性思维的作用。因此物理课程内容的生活化应该适度。

物理课程内容联系生活的具体事例要难易适度。过于复杂的生活实例，不但不利于学生对课程知识的理解，还会把学生弄得云里雾里，对知识的认识更加模糊；过于简单的事例，又不能充分调动学生，这样就失去了课程内容联系实际生活的意义。

物理课程的内容要切实符合实际情况，对于一些符不合实际情况的设计应该摒弃。对实际问题中进行抽象时，舍去次要因素，突出主要因素，这样的过程也只有符合实际才是合理的。

课程内容生活化还必须与学生的理解能力相符合。理解力还比较弱的学生缺乏理性思维，课程内容的生活化可以帮助其对课程内容的理解；但理解能力比较强，具有一定逻辑思维能力的学生，过多采用生活化的内容既相当烦琐，又降低了对学生理性思维的培养。

二、实用性与发展性相统一的原则

课程内容的选择应该兼顾实用性与发展性相统一的原则。选择具有实用价值的知识，可以实现生活中的各种实际目标；选择具有训练思维能力的知识，可以训练学生的素质能力，发展个性。但这两种知识选择如果都过于片面性，过于强调其一，都会埋没另一方面的价值。因此要二者兼顾。

课程兼顾实用性和发展性的原则还有另外的原因：课程内容是课程目标的具体化与现实化，而课程目标中必定体现出一定社会的价值，即要体现一个国家主流价值观点、主流文化、主流意识形态的要求。

物理课程的选择要包括内容的有效性和重要性，与社会现实的一致性。当选择内容考虑社会现实、社会需求时就蕴含了一定的意识形态，而这种意识形态总体上体现了社会主流的意识形态。当然，在物理课程设置的初期，我们是希望课程内容和课程目标与社会价值要求相一致。而在实际的教学过程中由于多样性的原因，致使课堂中真正实施的课程内容与主流的价值观点有一定的偏差。尽管如此，追求两者的高度吻合，是物理课程内容设置一直追求的目标。

科学最初就是以其实用价值进入课程的，科学对社会生产力的促进作用被重视后，科学在课程中的地位就不断提高，而物理教学的课程中具有的实用性的社会价值被广泛接受。可见，应选择具有实用性的课程内容体现了社会的主流价值取向。

而支持物理课程内容选择一些帮助学生思维发展的教育家则认为，普通教育课程的作用，不是因为我们记住了学习过的任何东西，也不是我们能够运用这些知识，而是这些知识有助于我们的思维、感觉和想象。他们坚持，课程的核心功能就在于对学生的心智发展价值。要实现这一功能，就必须考虑选择那些对学生智力训练价值较大的内容作为课程内容。

由上述分析可知，实用性的课程内容有利于学生对知识的实用性操作，发展性的课程内容有利于对学生的思维训练价值，两者各具有千秋。在课程内容的选择过程中，必须坚持两方面相统一的原则。诚然，不同的物理知识的侧重点是不一样的，但在物理教学中面对不同的学生，就会产生不同的需求。比如职高类的学生在学习物理知识时要求对知识的生活实用性强些，高中大学的学生就要注重其物理学的探究和思维方式的形成。课程内容应该选择对人的发展价值较大的、有一定实用价值的知识。有的知识兼备这两种功能，毫无疑问是课程内容应该首要选择的知识；但较多的知识只具备其中一种功能，如果某种知识在某一方面的功能特别突出有效，也不应该简单地将其削弱和淡化，忽略了其特有的作用与价值。

三、过程性与结果性相统一的原则

从物理知识形成与建构的角度，我们可以把物理课程内容的知识分为过程性知识与结果性知识。知识的探究过程和探究方法构成了过程性知识，而探究的结果构成了结果性知识，比如已知的概念、原理。以往我们特别注重物理结果性知识的学习，而忽略了过程性知识的学习，这是一大弊端，不利于学生的全面素质的发展，不利于提高学生独立思考、探究问题的能力。认识到这一点，我们应该注意过程性知识的学习。物理过程性知识的学习还有以下优点：

（一）它有利于引导学生转变学习方式

过程性知识的特点在于它的过程性、生成性，并参与到知识的形成和发展过程中来。过程性知识的特性要求学生在学习时具有探究性、体验性、合作性的特点，从而转变以前在结果性知识学习中过于单一的学习方式。

（二）它有利于学生获得解决问题的方法与策略

实际上教学中"授之以鱼，还是授之以渔"的问题是一直存在的。是单纯地把人类已有的知识传授与学生，还是把探究自然问题、解决问题的思维方法授与学生，是有争议的问题。这也是过程性知识的选择和结果性知识的选择问题。因为，过程性知识展示了知识的形成过程，而学生对过程性知识的学习，也就获得了解决问题的方法与策略；结果性知识，对方法、策略知识具有更高的概括性、更大的稳定性、更强的迁移性，这也就体现了过程性知识的教育价值。

（三）它有利于情感目标的达成

过程性知识隐含了大量的情感教育因素，如从科学发展的历程中学习正确的世界观和方法论，从科学家的探究过程中学习严谨的科学态度、孜孜不倦的探求精神、高度的社会责任心和使命感。因此，过程性知识有利于情感目标的达成。

（四）它有利于学生创新精神和实践能力的提高

时代的需求要求"培养创新精神和实践能力"的人才。而过程性知识学习中包含探求态度、批判精神，包含对开放性的、多维度知识的认识，这些都是创新思维所要具备的可贵品质。不仅如此，在过程性知识的学习过程中，学生通过积极的参与，在科学家发现知识、问题的形成过程中，在过程性知识所创设的环境和氛围中，体验和领悟创造精神。

尽管过程性知识具有独特的教育价值，但作为课程内容，选择过程性知识应注意以下两个问题：

（1）尊重学科发展的历史：任何学科知识都有其发生、发展、完善的过程，过程性知识的选择首先要尊重学科知识发展的历史。

（2）考虑学生的接受能力：人类知识体系的建立经历了漫长的历史过程，是许多不同时代的科学家艰苦的思维活动的结果。学生的学习时间有限，因而在选择过程性知识时，应选择那些学生易于理解、便于直观呈现、思维的复杂性和跳跃性不太强、体现核心内容和研究方法的过程性知识。

在面对物理课程实施中的各种争议时，要用辩证的观念来看待问题。辩证观点认为，过程性知识与结果性知识，它们是相互作用、相互依存、相互转化的。具体表现在两点：一是探究的过程与方法决定着探究的结论或结果，即概念原理体系依赖于特定的探究过程与方法，人类已有的知识都是未竟性的，有待于新的探究过程与方法来加以完善；二是探究的过程与方法隐含于概念的原理体系之中，并随着概念原理体系的发展而不断变化。

四、基础性与时代性相统一的原则

过去的物理课程中重视基础知识的选择而忽视了知识和时代的紧密结合性。我们把物理基础知识看作物理学科主干知识以及形成的物理学科基本结构。为了保证知识得以展开，强调基础知识的完整性、系统性、科学性，基础知识的选择应具备适应终身学习的特性，即要从终身学习的要求来选择基础知识。

这就要求所选的物理基础知识应该具有基本性、全面性和迁移性的特点。基本性，就是要具备物理知识体系构成的基本素质，同时要求这些知识具有强烈的生成性特征；全面性，就是不仅要包含物理学科的主要内容，而且要为全面达成物理课程目标服务；迁移性，就是要求物理的基础知识能在新的情境中解决问题，以提高学生的应用能力。由此可见，物理课程内容中的基础知识，应选择适应性广、包容性大、概括性强的知识。

时代的发展必然对物理课程的内容提出新的要求。具体表现有：信息时代，社会对人的信息收集、处理能力提高了要求，物理课程内容的选择就要适应这一变化；计算机的普及，影响了物理课程内容的选择，从过于注重对知识的识记到注重对思维能力的培养。

物理课程内容现代化还有另一层意思——将现代物理科学、技术、文化方面的成果在课程中及时地反映出来。然而，物理学科在现代科学、技术、文化方面方面的成果非常丰富，这使得物理课程内容的现代化知识选择出现困难。如何在有限的时间里解决基础知识和现代化知识、内容的压缩与内容的完整性这些矛盾，便成为物理课程知识选择的新课题。

如何在物理课程内容选择中达到最佳目的，归纳起来应做到以下几点：一是对基础知识的选择要简中求精；二是对现代化知识的选择要具有代表性、典型性。用现代观念形成基础知识的组织结构和呈现方式，如物理课程中，大量的经典物理实验都可以通过传感器在数字化平台上，实现可视化、即时性的处理；各学科课程中的作图，均可通过计算机实现。

第五节　编撰物理教材的原则

物理学是一门研究自然规律的自然学科，它具有一般科学学科的共性，同时也具有自身的特性，在物理教材的编撰中应抓住一般科学学科的共性，以及掌握它的特性。

一、编撰一般科学教材的原则

（一）思想性原则

符合社会价值的需求。教材的选择要正确引导学生，培养良好的思想情感和正确的人生价值观。不仅如此，所选编的内容还应有积极向上的思想，并能够提高学生文化素养和文化鉴别能力。

（二）科学性原则

教材的选择科学性不仅表现在内容的科学性，还表现在内容编写结构的科学性。内容的编写结构应遵循由易到难、循序渐进的科学原则。

（三）趣味性原则

教材的趣味性能有效调动学生学习的积极性，增加学习的动力。

（四）灵活性原则

因为学生个体的差异，在选择教材内容的时候应兼顾学有余力的同学，使他们有更大的发挥空间。所以教材的编排内容不一定是都要全体学生学习的内容，应灵活性地增加一些内容，供学有余力的同学学习。

二、编撰物理教材的特殊原则

物理教材的编写除了具备一般教材编写要坚持的原则，作为一门严谨的自然学科，还应具有物理教材所特有的原则，，以及语言的严谨性和正确性。

物理科学已经发展成为一门较为成熟的学科，拥有成熟的理论体系。所以在对理论进行描述的时候应注意用词严谨，表意准确。尤其是中国的语言非常丰富，用词差之毫厘，谬以千里，所以更应该注意。

（一）注意定义用语的特殊性

物理用语除了要注意严谨性和正确性，还应注意物理某些定义用语的特殊性。比如，物理定义中常提到"单位时间"，一般情况下是指 1 秒。

（二）应注意相近物理量的差异

某些物理量看似相近，其实代表的含义却相去甚远。比如，"单位时间内"和"某一时刻"这两个概念经常混淆，以致使句子意思产生严重的歧义。

（三）应注意物理量名称前后的一致性

一个物理量只能有一个名字，如果书中出现前后不统一的名称，容易使学生感到混乱。

三、新时代物理教材的撰写漫谈——物理教材的编写与 STS 结合

（一）什么是 STS

STS 是 Science-Technology-Society 一词的缩写，意为科学、技术和社会。它是研究三者之间关系的一门交叉学科，是一门应用性很强的实践学科。它体现了一种新的价值观、新的科学观、新的教育观和新的社会观。STS 是近年来世界各国科学教育改革中形成的一个新的科学教育构想。STS 的基本理论认为，科学不仅要以理论的形式为人们所认识，还要转化为实际的应用，在实际的应用中被人们所认知和被普及。学生在学习的时候应力图使理论知识和实际问题相结合，通过对实际问题的研讨，认识和掌握科学知识。教学中应尽量创设一定的学习情境，帮助学生理解、认识、掌握科学规律。这一教育理念重视科学知识在社会生产和生活中的应用，强调基本理论的实用性和社会价值，强调教学内容的现代化、社会化，注重学生从实际问题出发进行学习。STS 的教育理念得到了广大科学教育者的重视。广大的物理教育工作者也对 STS 教育在物理教学中的作用达成共识。STS 是 STS 学科建设的重要内容，它的发展对理科教育产生了深刻的影响。从事物理教育的工作者还认为，将物理知识教学与 STS 教育有机结合起来，是促进中学物理教学改革、为国家培养高素质人才的重要途径之一。

（二）STS 与物理教材有怎样的关系

STS 先进的教学理念正好和现代物理教学要求的与时代相适应的特点相契合。将 STS 教育理念融入物理教学的一个有效方法，是将 STS 融入中学物理教材内容中。STS 与物理教材内容的有机融合既是 STS 教育发展的需要，又是物理教材适应现代化教学的需要。20 世纪以来科技的突飞猛进正全面深刻地影响人们的生活，同时，科学

技术革命也引出了许多新的课题，如能源资源短缺、环境污染等，使人们重新审视人与大自然的关系，重新审视科学技术对人的价值，以及科学技术所带来的负面影响。科学的教学不仅仅是教科学理论知识，还要人们明白科学与社会的关系、科学在社会进程中扮演的角色以及科学研究者肩负的社会使命。传统的物理教材偏重理论，强调系统性，脱离实际。传统的物理教材的弊端主要有五个方面：第一，教材的纯理论和抽象知识占内容的主要部分，很少注意到科学技术的应用和社会实用性。第二，传统的知识框架和旧的教学模式限制了科学技术与生产技术业和社会需要的结合，忽视了社会经济发展对教材的技术性要求。第三，传统物理教材的编写忽视了学生能力的培养，如果说有注重能力培养那也只是停留在对学生诸如观察力、想象力、思维能力等能力的培养，而对要适应当代科学技术迅猛发展所需要的创造能力、灵活应变能力的培养几乎从未涉及。第四，传统物理教材过于严肃，缺乏趣味性。第五，教材内容与生产生活分离，科学技术知识与社会脱离，学生不能了解物理知识的真实价值，不知道在社会中如何对待和应用这些知识，在一定程度上妨碍了对学生科学意识、技术意识、社会意识的培养。

STS 与物理教材的相结合，除了可以改进传统物理教材存在的一些弊端，还有利于物理教学与当代科技发展、社会进步紧密结合起来，培养具有科学知识、科学态度、科学方法、科学精神、科学能力以及了解社会，致力于服务社会发展的高素质人才。

STS 对推动教材的现代化其作用和意义也不容小觑。

1. 有利于落实物理教学大纲对加强物理教学与科学、技术、社会的联系的要求

"使学生学习比较全面的物理学基础知识及其实际应用，了解物理学与其他学科以及物理学与技术进步、社会发展的关系。"这是新高中物理教学大纲对现代物理教学提出的一条明确要求。在物理教材中渗透 STS，能使物理教学与科学、技术、社会有机结合起来，不仅使学生掌握物理学的基础知识和基本技能，更重要的是使学生懂得这些知识的实际价值和社会价值，懂得在社会中如何应用这些知识。

2. 有利于物理教材的改革

现代科学技术迅猛发展，许多与物理相关的科技成果迅速在生活和生产以及社会等方面广泛应用。要使中学物理教学紧跟时代的发展，就要在物理教材中渗透现代科技以及社会的一些重大问题。教材与 STS 教育理念的结合不是要求把新的知识简单地堆砌和叠加，而是体现在教学态度和方法的改进上。对陈旧科学结论的不断修正，从而使学生能通过实际理解科学是一个不断修正和变化着的动态的体系。例如，在物理教材中增加介绍磁悬浮列车、红外遥感、光纤通信、热能、海洋能、电子显微镜等知识以及相对论、量子论的知识。

3. 有利于加强物理学科与其他学科及社会的联系

各学科的科学技术虽然不同，但这种不同和界限正随着科学技术的发展而逐渐模糊，各学科不断地交叉和渗透正证明了这一点。各学科的科学技术之间正通过社会的实际应用紧密地联系在一起。物理教材中对物理与其他学科交叉发生的影响的介绍，有利于学生对物理知识进一步了解、对物理知识在社会中的应用较全面地认识。

4. 有利于体现教材的实践性、趣味性、实用性、启发创造性

实施 STS 教育和物理教学的结合有利于培养学生的创新精神、创造能力和实践能力。实施 STS 教育，在物理教材中紧密结合学生的日常生活、工农业生产，提出一系列实际问题，引导学生根据原有的知识和生活体验进行探究，最后解决提出的实际问题，从而激发学生的学习、求知、探索的兴趣，使他们积极主动地学习知识，培养学生灵活运用物理知识解决实际问题的能力。

四、如何利用 STS 理论编撰物理教材

物理教材编撰融入 STS 教育理念就是要注意从教材的整体结构上体现 STS 教育观念。把 STS 融入物理教材中主要有如下细节的体现：例如，教材在阅读材料中编入失重和宇宙开发、航天技术的发展和宇宙航行、增殖反应堆、磁悬浮列车、磁与生物等内容，把当代最尖端的一些科学与技术问题介绍给学生；编入与现代物理科学技术的新发展、新成果、新成就相关的一些内容，如新型电池、超导体、现代航天技术、现代信息技术等；编入与工业、农业生产密切相关的知识和技能的内容，如太阳能的综合利用、超声波及其应用、低温的获得及其在医学上的应用；编入与日常生活、社会生活密切相关的知识和技能的内容，如制冷设备、静电应用、修理各种电器、自制各种实验仪器等；编入与科学技术有关的一些重大社会问题的内容，如环境污染与环境保护、能源问题等。

物理教材还需要不断地渗透一些社会新思想。社会思想在教材中的渗透体现在热爱祖国的社会观上。物理教材的编写要注重我国在物理科学技术方面的成就，使学生对我国的物理技术的发展历史以及当前科技成就有一定的了解，从而增强学生的民族自豪感，培养学生的爱国主义情操。

社会思想在教材中的渗透，还表现为新教材注重从社会角度对物理学以及一般科学技术的评价，让学生体会到科学和技术、科学技术和社会的相互关系，正确认识科技成果给人类社会带来的巨大福利，以及不恰当地使用科技成果对人类社会构成的潜在威胁，从而树立学生的环境保护、可持续发展的意识，提高学生的科学评价能力，增强学生的社会责任感和历史使命感。

社会思想在教材中的渗透的重要方面，体现为新教材注意渗透科学思想史，使学生受到科学思想、科学方法的熏陶，有利于形成学生正确的自然观，增强了学生反对迷信和形形色色的伪科学的本领，培养学生的科学观念、科学能力和科学品质，提高学生的科学素质。

STS 在新教材中的渗透，促进了教材理论与实际相结合，增加了教材内容的现代化气息，体现了教材的时代性，增强了教材的教育性，使物理教材内容更丰满，显得富有生机和活力。

第六节 物理教材的评价方式

一、物理教材评价的理论基础——系统方法论

（一）系统论的原则

指导人类认识和改造社会的方式就是系统方法论。系统论是由一系列方法组成的，根据它的特点，我们可以具体归纳出整体性方法、有序性方法、系统等级分析法以及模型化和优化方法等几个研究的原则。随着系统论的不断应用和改善，系统论逐渐从朴素的整体思想发展为跨学科、跨领域的现代系统理论。系统论的研究原则要求把研究对象当作一个系统，从系统总体出发，在系统与要素、要素与要素、系统与环境的相互作用中解释和处理研究对象的性质和规律。

具体来说，系统论的研究方法要注意以下几个原则：

整体性原则。系统论的核心思想就是整体性原则。系统是由内部各要素构成的统一体，它要求人们在认识或改造事物时要从全局出发，总结出各要素相互作用下带来的整体功能。系统论的整体性原则与教材的目的性和整体性特点相对应，因而在教材的编写过程中要注意建立学生的立体思维，在把握单个知识点的基础上，串联起几个知识点的相互联系，从而建立完整的知识系统。

等级性原则。系统有多个层级，关系由低到高搭建而成。分为高级系统和分子系统以及子分子系统等，直到不可分割的具体部分。这些系统庞大但层次分明。

有序性原则。系统的层层叠叠，并不是无序的，系统内各要素的联系是有一定规律的，从系统的视角分析事物也要致力于发现各要素之间的相关性和规律性。这与教材的相关性特点相对应，因而在教材的编写过程中，物理教材编写要遵循认识事物的普遍规律，按照由浅入深、从具体到抽象的顺序安排知识内容。

模型化与最优化原则。把复杂的系统模型化，通过对系统的定量和定性研究，运用现代科技发现系统运作的内在规律，找到一个问题最优的解决方案，为人们的生产生活提供便利。这与教材的环境适用性、动态性特点相对应，物理教材要注意运用生活实例模拟知识，把枯燥的理论知识转化成熟知的生活具象，活跃课堂气氛。不仅如此，物理教材编写要联系现实生活和社会热点，掌握科技发展的动向，为学生带来最新的科学文化知识。

（二）系统论的意义

系统论不仅是反映客观规律的科学理论，更具有科学方法论的意义。系统方法论从最初应用于生物领域到多个自然科学领域的应用研究，再到目前应用于社会人文科学，系统论的发展，体现了系统方法论具备适用社会各方面研究的实践价值。物理教材作为教育的目的性，系统具有一定目的并有与之相适应的功能与结构。教材的目的性旨在把知识传授给学生，完成教学任务。运用系统的方法评价物理教材知识系统结构、知识应用结构和教材总体结构三大基本结构。

二、物理教材的特点

下面具体评价物理教材应具有的五大特性。

（一）物理教材应具备整体性

依据系统本身的目的性，内部系统在目的性的作用下构成可一个完整的不可分割的整体，组成的这个整体的效能大于内部各系统之和。物理教材的整体性表现在，根据学科的特点、教学模式和认知规律，编排物理的知识要素，使其按一定的顺序呈现，并融入一定的教学模式，形成教材的整体结构。这种整体结构不是各要素的简单机械排列，而是效能最大化的有机融合。

（二）物理教材应具备相关性

物理教材的相关性表现在，物理教材内理论知识不断有新的突破，与之相关的引言、习题等形式要素及相关理论、知识结构也将随之调整，保证教材的准确度。若子系统调整，整个系统都要随之做出调整，也就是所谓的牵一发而动全身。

（三）物理教材应具备环境适用性

物理教材的环境适应性表现在，随着知识的发展、科技的进步以及教学理念的更新，教材内容也要与时俱进，在一定阶段改编再版，适应社会发展的需要。系统与外界条件息息相关，当环境条件改变时，内部要素也会随之相应调整。

（四）物理教材应具备层次性

物理教材的层次性表现在，根据学生的学习特征，从一个简单的知识体系出发，逐步扩展为完整复杂的大体系。系统论表明，系统内细分各具体要素，系统与系统还可构成一个更庞大的系统，形成层次鲜明的系统网络。

（五）物理教材应具备动态性

由系统论可知，系统内部与外部都是不断发展变化的整体，保持着动态的稳定状态。历史是不断向前的，科学是不断发展的，因此，任何一种教材都是相对滞后的。物理教材的动态性表现在，物理教材也是一个动态的、开放的系统，需要不断与运动中的人类社会发生信息交换关系。系统论作为一门新兴科学研究方法，包含着孕育、产生、发展和成熟的过程，与整个人类社会的发展历史也紧密相连。

第三章　国内外物理课程发展与改革

第一节　国外物理课程发展与改革

近几十年来，教学改革已成为世界性的潮流，各国纷纷在本国原有的基础上不断推进教学改革。美国首先掀起了以课程改革为中心，以提高科学教育质量、加快培养科学人才为目标的教学改革运动。随后各个国家纷纷加入其中，掀起了一股世界性的教育改革浪潮。一些国家总结前几十年的教学经验，又进行了一轮新的改革。随着现代科技的发展、计算机科学的普及应用，世界各地教育改革又走进一个全新的阶段。

科技的进步拉近了国与国之间的距离，也使科学技术的共享比以前更加容易实现。近些年我国在物理教学研究方面虽然取得长足的发展，但比起国外来还是有一定的差距，本章就美国和我国物理教学，探讨国内外物理课程的发展与改革。

一、美国物理教学的课程内容和特点

（一）教什么

在物理科学如此宽广的领域中选择合适的内容来教学生，不是一件简单的事。如本书前文对物理课程内容的选择原则和标准已有一定的论述。美国的物理教师认为在选择物理教材内容的时候，深度和广度、学生的兴趣和经历、师资力量等这些都需要加以考虑。在美国，对许多学生来说，中学物理课程可能是他们接受物理学正规训练的唯一机会；对另外一些学生来说，中学物理课程给他们打下一个基础，以备今后进一步深造。因此，课程所提供的准备是否充分，便引起了美国学生和家长以及高等院校的密切关注。一些州关注课程的内容并提供大纲，以便有助于对学校进行指导。但是，无论是教学目标的实现、教学内容的完成，还是教学方法的运用与推广，都离不开教师。可以说，教学的成败在很大程度上有赖于教师科学文化水平和教育理论修养。在国外的物理教学中，国家非常重视教师的教学，并注重从以上各个方面来改善教师的教学水平，提高教学质量。

（二）物理教学注重"少而精"

物理课程有很多内容，也有很多概念性内容教学，在学生学习物理的最初一年，美国老师注重物理课程的"少而精"。美国物理教师建议，初任教的老师应该特别注意不要试图教太多的课题。教好少数课题比了解物理学的概况更为可取。那么美国教育学者是怎样把握这一原则在具体的教学实践中选择课程内容呢？考虑作为一门科学和作为一种活动的物理学的范围，展现在师生面前可供考虑的课题范围是极其广泛的，但选择时要注意以下问题：理解要比单纯知道更重要。虽然过分狭窄和专业性不是中学物理应该具有的特征，但是，在选择适合于中学不同学生所需要的课题时，真正地理解一个知识点，比宽泛了解知识更重要。应该让学生学会一些必要的课题，还需要考虑教学目标和希望学生获得哪些能力。

（三）可供选择的广泛领域

物理学的范围十分广阔，其中大量课题应该包括在中学课程之中。

（四）注重物理学研究方法的教学

物理学的研究方法在很大程度上能有效地发展其他自然科学。美国物理教学注重让学生知道，"物理学家的方法"在科学研究中具有代表性，以及在其他学科中的应用。

（五）注重物理学作为基础自然学科的重要性

虽然物理学不是工程学，但深入学习物理学有助于学生理解物理学在工程中的应用以及在医学和其他许多领域中的应用原理。

（六）很好地利用物理学来解释自然现象

如日落时为什么是红色？天空为什么是蓝色？鸟如何知道飞行路线？为什么海浪总是拍岸？为物理课程的教学增加趣味性，使学生产生积极的学习态度。

（七）注重教学内容联系当前社会与物理学相关的热点问题，如核电站、核废料处理、空间计划、能源、环境保护及国防等

以上这些内容的教学都是通过课题的形式渗透到课堂中的。这些课题有足够的数量，以便体现物理学的广泛程度。但也不太多，适可而止。在整个课程中，强调那些基本原理，以及把物理学各个分支联系在一起的那些观念，使中学生感受到物理是一门发展中的科学，是最引人入胜的当代科学前沿之一。

通过以上物理课程的学习，应达到如下教学目标：首先，学生知道物理学家如何提出有关自然的问题并给出解答，从而勾画出宇宙的情景；其次，学生应该学习

如何提出类似的问题；最后，对于物理学基本原理在技术和日常生活中的应用要能理解。

二、美国课程是如何做到课题"少而精"、学习效果好的

美国物理课程的内容覆盖面非常广，一些课本，内容包罗万象，有时会误导新教师，为了满足不同教师和不同学生的不同兴趣，课本选择的课题非常多，但并不是每一个课题都需要仔细讲解。物理教师注重挑选几个重点的课题着重讲解。

由很多知识组成的物理学，目前它的范围更加广泛，在初级课程中不可能充分普遍地加以覆盖。以下七方面内容需要做最低限度的讲解：动量守恒；质量和能量守恒；电荷守恒；波动；场；物质的分子结构；原子结构。应当指出，诸如牛顿运动定律这样一些课题，通常应该在讲述初等水平的能量守恒和动量守恒原理的发展过程时加以讨论。物理学已经向前发展，因此关于现代物理（基础物理在粒子物理、固体物理、相对论和宇宙学中的简单应用）的介绍在美国中学物理课程中也有涉及。

三、美国物理教学中技能的教授

美国中学物理课的一个极其重要的方面是使学生获得一定的能力。下面列举美国中学物理教学培养的学生的应用能力。

1. 识别所观察到的现象中的变量。

2. 整理观察到的信息（如观察和记录电流改变时导体上的电压）。

3. 会处理信息，以便研究找出关系（如做出电压与电流的关系图线）。

4. 会解释用图线表示的信息。

5. 学习"问题解决"。

6. 会根据简化的假设粗略地进行估算。

7. 会把空间信息转化成其他形式（如理解实际电路与电路图的关系）。

学生获得这些技能，需要多次反复和实践，只有反复注意其应用，才能获得技能。在学生学习力学、光学、热学、电磁学、波动、近代物理等知识时，学习和利用这些技能、稳步地发展这些技能是物理课程的一项根本任务。

四、美国物理课本的内容

学生学习物理在课本上花费的时间要比做实验多，也比同物理教师接触的时间多，所以美国非常重视物理课本内容的选择。

在选择课本时，美国物理课程考虑了哪些标准呢？课本中包含了哪些内容呢？美国物理教育工作者认为，评价中学物理课本有下述 7 项主要标准：内容（题材的正确性和合适程度）；程度（讲述适合于中学学生）；可读性（课本易于学习）；外观（看起来吸引人）；科学（把物理学展示为发展中的知识）；社会问题（认识到物理学对社会的影响）；作业（给学生的附加作业，材料合适）。基于这些标准，我们评价了 14 种使用比较普遍的物理中学课本，总结出美国物理课程涉及的课题有如下几个方面：

1. 分子物理：量热学，分子动力论，气体定律，热力学。

2. 测量：导论，数学技能，误差，实际测量，SI 单位制。

3. 力学：平衡状态，动力学，牛顿运动。

4. 波动：在弹簧和发波水槽中的机械波，声学，定律，万有引力，动量，能和功。

5. 量子物理：光电效应，氢原子能级，原子光谱，核结构，放射性，核能。

6. 电磁学：静电学，简单电路，静磁学，电场和磁场，磁力，电磁感应。

7. 光学：光的波动说，光线，镜和透镜，衍射和干涉，偏振。

此外，一些课本还涉及如下课题：电磁波，相对论，能源，物理学史和（或）天文学史，流体力学，电子技术，固体物理，天体物理，交流电路等。随着物理学的发展，课本也随着发生改变。美国对物理课本审查的标准有内容的通用性、内容的正确性、内容的范围、科学的结构和方法、编排和连贯性、易于理解。

五、美国物理考试的内容

美国物理考试的内容，通过分析得出一些课题所占的比重：力学 40%；热学和分子动力学 10%；电磁学 15%；波动、光学和声学 20%；现代物理学 15%。

我们往往从考试的内容和标准中寻找课程教学中的那部分内容的重要性，从而对物理教学产生指导意义，然而这没有绝对的标准，美国课题的选择和考试内容的比重没有绝对的参照意义。

六、美国物理教学大纲

美国物理教学的大纲以提纲的形式列举出所要讨论的课题，并指出课题间的关系以及与课程目标的关系。但是有经验的物理教师通常要正式地或非正式地编制自己"个人的"大纲。由美国各州教育部门或地区性的学校系统制订的大纲，为物理教师在选择物理教学内容时提供指导。在美国的一些州，课程委员会当前正致力于编制或修订具有不同目标的物理大纲。

物理大纲既有利也有弊。有利的方面是：它为物理教育规定了目标，反映物理学家和教育学家双方的思想，可以为物理教师在教学中提供一定的指导。不利的方面是：大纲限制了教学模式，并限制选择教学内容。物理教师常常感到，在教学中不得不刻板地执行大纲中提出的建议，从而受到束缚，不利于新的教学模式的开发。美国物理教学大纲注重留有适当的余地，以便有经验的教师能发展他们自己的物理课程。

物理教学大纲提供的是关于课题和课时的初步安排。随着课程的进行以及学生的能力和兴趣逐渐显露，教师应当保持主动，以调整顺序和进度，调整能力要求和教学程度。想要在中学短时间内讲解所有的课题，虽然是人们期望的，但有点儿不现实。他们相信，发展学生的信心和能力更为重要。某些重要的问题是教师在教学之初必须要解答的：

1. 贯穿每个学期的最重要的内容和能力是什么？教师如何确定牛顿定律、牛顿定律的历史发展和应用是第一学期的中心内容。或者是否把守恒定律（能量守恒、线动量守恒、角动量守恒）作为重点。一旦能够决定一学期所学的内容，就可以相应地做出每周和每天的进度表。

2. 大纲中的哪些课题是可以被删去的？教师应当认真地阅读课题目录，并认真选定删减对象。此后，随着学期的进展，在课程进行中要不断地与大纲相对比，进行不断的调整。

3. 大纲期望学生能记住什么？是否使学生确信他们能学习物理，并对物理增加了兴趣？

七、美国物理的新课程

物理学是一门生机勃勃的学科，新近观察到的现象不断丰富着它的内容，解决实际问题的模型也在不断变化，新的模式不断产生。而且，应用物理学不断发展，物理课程的内容不能固定不变，而要随之做出相应的调整，增加一些新的内容。

当今许多美国中学教师已经注意到这一点，在教学中结合新知识重新审视和思考课程内容，这是值得我们借鉴的。相当数量的教师正基于自己的观点设计新课程，他们想的是如何把变化中的物理内容组织起来，以适应教学目标，并提供更好的课程以适应学生不同的需要。

第二节　我国物理课程发展与改革

物理科技的进步促使物理教育加快了改革步伐，从 19 世纪 50 年代开始，如何让物理教育适应现代化的需要，已成为众多国家关注的问题。物理课程内容和方法的陈旧，甚至严重滞后于物理学本身和科学技术的发展，已经特别不适应当今的社会，因此物理教育的改革也迫在眉睫。21 世纪以来，社会科技已经发生了巨变，而广大学生的物理基础和时空观还停留在 19 世纪。这种状况不改变，不仅使我们培养出来的物理学人才不适应 21 世纪科技高速发展的需要，而且使基础物理学本身失去生命力。因此，解决基础物理课程内容的现代化是燃眉之急。

1956 年的一次国际会议上有人提出：物理学应作为一门发展着的课程来进行教学。也就是从这时候起拉开了现代化物理教学改革的帷幕。一些国际物理教育学者认为，学生应该接触现代化物理学的前沿问题。紧接着 1961 年的一次国际物理教学会议上又有人提出：现代物理的内容应进入物理课程内容的教学中。随后，1986 年 4 月，费米实验室召开的现代物理教学国际会议，认真地研讨了如何将现代物理进入物理课程问题。

改革首先是在美国兴起的。20 世纪 50 年代中期，苏联第一颗人造地球卫星上天，开辟了人类对太空认识的新时代。这件事尤其是给美国带来相当大的震动，促使美国重新审视自己的物理教育，随之美国掀起了一场大规模的教育改革运动。1958 年美国政府颁布了《国防教育法》，拨出专款，进行教学内容和方法的改革，开展了以改革物理教材为标志的新物理运动。接着在 20 世纪 70 年代末和 90 年代初，又连续两次进行课程内容大改革。美国在这三次课程内容改革中，分别编写出版了三套在国际上很有影响的教材，即《费曼物理学讲义》《伯克利物理学教程》和瑞斯尼克、哈里德的《物理学》。这三次大的改革使美国的物理教学基本实现了现代化的目标。

1952 年以前，我国物理教学仿照的是当时美国的做法：对于非物理专业开设一年普通物理班，教材用的是达夫的《物理学》和萨本栋先生的《普通物理学》。1952 年后又全面仿照苏联的学制和教材。直到 20 世纪 60 年代末 70 年代初，我国才自己编写出版了新教材。等到 20 世纪 80 年代末又一次进行教材改革，物理教材中才增加了一些近代物理内容，但总的框架未变。

我国物理教材从内容到方法，整个面貌仍然显得古板、陈旧，主要表现在以下几个方面：

把物理教学和其他学科孤立起来。只注意物理本身内在的逻辑性和整体的系统性，忽视与其他学科和技术的衔接，忽视与现代科技和物理学前沿发展的协同性，使物理变成封闭式课程，单纯地传授一些陈旧的知识。

知识陈旧。有些物理知识已经随着科技的发展而发展，不断完善和更新，但我国物理课程的教学没有跟上时代的步伐，很多知识不符合近代物理观点。如参考系只作为描述运动和计算的工具。动量守恒、角动量守恒是牛顿运动定律的推论，未当作普遍规律。

理论化倾向严重影响了教学联系实际生活。我国物理教学普遍存在的弊端就是：重理论、轻实际；追求系统的完整性，理论逻辑的严密性；强调对物理原理、定律和概念的阐述，忽视理论的实际应用。在表述方法上，重文字少图示，未给出清晰的物理图像。分析中习惯于用理论公式去阐述问题，不用定性或半定量的物理概念去说明问题。

物理教材中贯穿的科学思维方法陈旧。重分析、演绎、推理，循序渐进，按部就班，忽视归纳、综合、渗透、穿插、跳跃式的思维方式。

综上可知，我国物理课程教学现状是将物理变成了一门自成体系、自我封闭、处于凝固状态的课程。物理课程不仅没有反映科技新成果，也没有反映物理学本身的辉煌进展。出现了先进的物理学与落后的教学内容的矛盾，这与物理学在整个自然科学中的基础性和带动性地位极不相称。我国著名的物理学家赵凯华教授指出："现代物理学中每年都有激动人心的新成就、新事物展现在我们面前。然而，我们的课程中对这些光辉的进展很少有所反映。愈来愈多的学生抱怨物理课程枯燥乏味。"因此，基础物理课程内容改革和现代化是时代的需要。

我国物理课程的现代化改革始于20世纪90年代，比美国等发达国家整整晚了30年。1991年10月，原国家教委在上海召开普通物理学教材建设组会议，与会者一致认为，我国物理课程的改革势在必行，努力反映物理学当代成就，并使物理的教学内容更好地适应物理学发展的需要，是当前普物教材建设中一个迫在眉睫的问题。1992年11月，在重庆召开了第五届中国物理学会教育委员会第一次全体（扩大）会议。会议研究的主题是：

"当前中国基础物理教学与现代科技和物理学前沿发展的协同性研究"。会中着重讨论了物理课程的现代化改革。从1993年迄今不断有刊登这方面的研究成果和经验总结论文。1994年年初，原国家教委推出《高等教育面向21世纪教学内容和课程体系改革计划》。同年三四月间原国家教委又先后两次在北京、清华大学举行"高等教育面向21世纪教学内容和课程体系改革报告会"。接着，原国家教委批准建立一些新概念的使用标准。这些概念在近代物理的许多分支如凝聚态物理、粒子物理、天体物理和宇宙学以及其他学科里，都是非常重要的概念。确立了《新概念》力学的出版。《新概念》力学不仅向学生传授了必需的力学基本知识，还引导学生把目光放得更远，从全局的角度对全世界物理学的发展进程有一个了解，并将学生带入本学科的前沿。《新概念》力学的另一个重要的特点是，通过传授科学知识提高科学素质和能力，注意科学素质教育，把物理教学的重点从单纯知识的传授转移到科学素质的培养和能力的提高上。除了对物理学中的一整套获得知识、组织知识和运用知识的有效步骤和方法进行系统的介绍，还在各章中有意识地选择一些知识点，结合知识的传授进行科学方法和科学素质教育。书中有很多精彩的"从定性或半定量的方法入手来提出问题和分析问题"的例子，其中包括对称性的考虑和守恒量的利用、量纲分析、数量级估计、极限情形和特例的讨论、简化模型的选取，以至概念和方法的类比，等等。以期培养学生的物理直觉能力。物理学家在进行探索性的科学研究时，常常从定性和半定量的方法入手。他们通过定性的思考或半定量的试验，力求先对问题的性质、面貌取得一个总的估计和理解。否则一下陷入细枝末节的探讨，往往会一叶蔽目，只见树木不识森林。穿插科学史料性的背景材料，增加物理教材的趣味性。该书在讲授力学的基本理论和知识、介绍前沿课题中穿插了不少科学史料和科学上的趣闻，如时间与长度单位的历史沿革、宇宙的 42 个台阶、阿基米德能否举起地球、"运动之量"的大争论、永动机的热潮、鸵鸟为什么不能飞、亚里士多德和伽利略的运动观、地球什么时候毁灭，以及一些前辈或当代物理大师分析处理问题的思路和方法，等等。这些生动有趣的科学史料性背景材料，增加了学生学习物理课的趣味性，不仅提高了学生学习的兴趣，而且使学生扩大了物理视野，增长了知识，了解科学发展和科学理论建立的曲折过程，正确认识物理知识对社会的影响，从而树立正确的科学观。与传统教材相比，《新概念》力学的结构、内容和思维方法都有很大的变化，而我们在传统的教学模式下形成的教育思想与观念、知识结构、思维方式、教学方法等与新教材的特点、风格和要求不相适应，两者差距大。为此，我们采取了以下做法：

（1）学习国内外物理教学改革的经验，转变教育思想与观念，为我们的改革总结规律。通过学习研究，确立了"科学教育不能仅限于已有知识的传授，更重要的是提高学生的科学素质，培养他们自己获取知识和提出问题、分析问题、解决问题的能力"的教学目标。基础物理课程的教学任务之一就是全面提高学生的物理科学素质和能力。从而把物理教学的重点从单纯知识传授转换到注重学生科学素质的培养和能力的提高；转变教师和学生在学习中的角色，教师从灌输单纯知识的角色转变为引导学生学习的角色，学生从单纯被动接受知识的角色转变为主动探知的角色。从注重"课堂上解决问题"、强调"讲深讲透"转变为课堂上主要讲思路、方法、要点，留有回味余地，让学生自己消化，强调自学，培养学生自主探索、解决问题的能力。

研究实践《新概念》力学的方法。认真学习、研究《新概念》力学的特点、风格和与之相适应的教学方法，在实践中研究，把新研究成果用于实践。在教学实践中探索和积累新的教学方法，使之适应未来的教学发展。使用面向 21 世纪教材、加速课程现代化的路子和经验。一些学者还制订了"面向 21 世纪教材《新概念物理教程力学》教学方法的研究与实践"课题研究计划，受到教育学者的重视和欢迎。

当然，随着科技的进一步发展，现有教学课程总是落后于物理学的科技发展，物理课程和教材内容也要跟随时代的步伐进行不断的调整和更新。所以关于物理教学的探索的课题是永无止境的，需要一代代教育研究者和从事物理教学的一线工作者不断地努力和探索。

第三节　国内外物理课程教材改革研究

一、中国物理课程标准

物理作为一门非常重要的学科，而且它的重要性随着科学技术的发展及和物理学科的交叉在不断地增强。关于物理课程对学生的情感培养要达到的目标有：

1. 能够提升学习人员在学科领域的综合素养。

2. 培养学生形成科学的精神、科学的方法、科学的态度。

3. 培养学生敢于怀疑、敢于批判的精神，以及培养愿意探索和研究的学习习惯。

4. 养成尊重客观的良好习惯。

5. 培养勇于进取攻坚的精神和提升发现问题、剖析问题、破解问题的能力。

6. 培养善于沟通合作的习惯，进而使学生焕发出强烈和持久的学习兴趣和求知欲望，努力培养更多的优秀学生。

在知识的学习上，物理教学要达成的目标有：

1. 注重培养全体学生的学习兴趣，重视基础知识的掌握，也为今后从事有关职业打好必要的基础。在学习的过程中，要让学生有学习的冲动，对学习的问题感兴趣。

2. 积极参与到知识的探究中，特别是物理实验的亲手操作。

3. 对学生的评价也应不断更新观念，让学生得到全面发展。

二、教学建议

按照最新教育理念倡导的，在对知识和相关技能、学习过程和方式、情感态度和价值体系等物理的教学活动所要达成的目标，形成了下列建议。

（一）高中物理教学和初中物理教学要区别对待

高中物理课程和初中物理课程有较大的不同。从初中阶段的物理学习来看，学习主要是让学生通过教科书和实验等形式，掌握一些直观的物理现象或规律，让学生对物理知识有个初步认识和整体认知，让他们懂得物理是怎样的一门科学及物理这门科学和平时的生活之间的关联性很强。初中物理的学习对物理知识如何获取、如何更好地掌握的过程没有明确标准和严格要求。高中阶段对物理知识要求更加全面和深入了解，且和初中知识比，高中物理要求学生掌握的物理知识量更大，知识难度也有很大的增加。

相比初中对知识的理解，高中物理更加重视学生掌握知识的过程、开展探究和分析的过程，更加注重科学精神、批判态度的树立，更加注重培养广大学生积极认真地学习相关知识的热情，使学生焕发出强烈的学习愿望和求知欲望。高中物理教学更加注重引导学生能够主动地查找、分析并且去破解问题，以及能够静下心来、沉稳扎实的学习态度。对于刚刚踏入高中校门的学生，高中物理知识和初中物理知识的较大的变化使学生一时难以适应，特别是对高一年级的学生来说，他们刚刚完成初中阶段物理知识的学习，对物理知识完成了初步认识和粗浅了解，而高中物理学习阶段和初中阶段在教学方式和学习方式方上面都有着明显差异，进入高中之后，学生在学习理念、学习方式等方面都需要经过一个时期的磨合和适应。为此，针对高一阶段学生的实际情况和特点，应设立从初中到高中的知识衔接阶段，加强引领和指导，帮助他们尽快适应高中知识学习方法，探寻符合他们的教育教学方式，使之能够更快地适应高中阶段的学习，更有成效地开展高中阶段的的学习。

（二）全面培养学生包括培养学生对物理规律的探究和应用以及利用物理知识解决实际生活中的问题的能力

从物理规律的探究到应用学习的物理知识解决生活中的实际问题都要不断培养学生，让学生在学习的过程中收获成功与树立自信，让他们能够认识到，物理知识并不是枯燥的，也不是孤立的，物理知识和日常生活、社会发展紧密关联，很多现实问题都可运用物理知识来认识和分析，由此提升学生学习的热情和主动参与的意愿。

（三）科学设计整个教学内容和过程，注意到物理知识之间的联系和关联性

物理学作为一门系统学科，它的内部知识之间存在紧密的联系，在物理教材的编写和物理教学中不能忽视这种联系。例如，在高中阶段经常涉及的打点计时器，在学完了运动学、机械能守恒等知识后，可让学生独立完成一次打点计时器的操作，得到一条合适的纸带，让学生自己把高中阶段学习到的有关实验自己验证或是进行处理，使学生学会如何对实验相关数据进行分析；在此过程中，通过学生动手参与，能让学生对知识有一个更直观的认识，在处理实验的时候更能联系所学过的知识解决问题。

三、教学中对教师的建议

在教学过程中对老师也有一定的素质要求，具体有如下几个方面。

（1）教师应注重提升学生的学习能力，指导他们学会探索、剖析和破解难题。

（2）教师要对学生的学习和自己的教学进行有效的评价，从中不断反思，不断进步。

（3）教师应创造良好的整体学习环境，引导学生积极参与学习。同时，让学生主动开展学习，保证时间，提供帮助，锻炼学生探索和破解难题的能力。

对教师的教学工作开展综合评价，应切实体现教育理念。开展评价应包含多个层次，而不单单是依据学生的考试成绩。因此，提出以下几点评价标准。

a. 评价必须与它所支持的决策一致，评价的设计必须审慎，评价的目标必须明确说明，评价环节应该能够可持续。

b. 对学生成绩的评价应充分考虑对学生的成绩产生影响的学习环境等因素，开展综合性评价。要承认学生学习条件的差异，根据这种差异正确看待学生的学习成绩，重点参考学科成绩，要对学习成绩和学习条件进行同等权重的评价。

c. 评价行为必须公正；评价过程中不能带有主观色彩、先入为主、用经验替代事实；评价必须从多维度进行，不能只是就某一方面进行简单评价，从而得出不合理的结论。

四、中外物理课程的比较——中国和美国物理课程比较

中美物理课程的异同主要表现在以下几个方面。

（一）中国和美国的课程标准整体上具有一致性

中美物理课程都注重提升学生的科学综合素养，保护和提升学生的学习积极性，注重养成良好的学习习惯，培养研究意识，强化研究方式和方法的提升。不仅如此，

中美物理课程都注重培养科学的意识和正确的方式，重视 STS 教育思想的渗透。美国物理教学大纲中对这一标准的表述更为灵活，明确提出应紧密结合生活实际，重视学习所获。而中国标准的表述则不够细化，即相应的表述大多数都是原则性的语句，和教学活动实际结合不够紧密，不利于教师结合教学工作进行把握，指导意义不够明显和充分。

（二）两国在教学的内容安排上有差异

但这两者之间的差别没有好坏之分，是仁者见仁、智者见智的问题。在内容的选择上，两国大体一致。在教学建议上，美国和中国都明确了相关内容可供借鉴，但没有做出硬性规定。同时明确提出，应丰富评价内容和评价方式，关注学生在学习环节的实际表现，不过分关注成绩。由此可以看出，重视学生综合素质的提升和多种能力的培养，是在大多数国家都较为重视的问题，学生综合能力培养重要性由此可见一斑。

（三）树立端正的评价理念和态度，改变评价方式

过去对学生的评价都是依靠教师进行，现在转变为更加注重培养学生的主体意识。通过学生开展自主评价，强化学生参与学习评价的体验和感受，在此基础上提高学生参与评价的积极性和主动性，逐步引导和帮助学生学会积极地开展自主评价。通过实施评价，能够促进学生多个领域的共同进步，提升学科方面的整体能力。既要注重针对过程的评价，又要重视针对结果的评价，注重评价的科学性、持续性、完整性，构建科学合理的评价机制，使得评价和学生的学习活动保持紧密结合，得到教师和学生的广泛认可。只有这样，广大学生参与评价的热情才会高涨，评价的实际意义才能真正体现和发挥。在此过程中，教师可以对教学思路进行检验和思索，查找不足和差距，并且制定措施进行改进和提升。

五、美国国家科学教育标准

《美国国家科学教育标准》的核心意义是提升美国全体民众的科学素养，其突出特征是具有公平性、平等性。美国国家科学教育的标准具体表现在以下几点：

1. 学习科学是种能动的过程；

2. 对科学教育实施改革，关系到很多方面；

3. 科学是面向所有学生的；

4. 科学应切实体现理性思维和文化脉系。

《美国国家科学教育标准》对学生应该掌握的相关内容进行了严格界定，比如，原子结构、物质的结构与性质、运动和力、能量守恒能量与物质之间的相互作用等。

学生可结合自身的实际对课程选修部分加以选择，而课程的必修部分是每个学生都要学习的，这和我们大学的学制有相似性。

美国中学的物理课程主要内容有：常态化课程，较高难度和级别的课程，荣誉性质的课程，概念领域的相关知识。

《美国国家科学教育标准》明确了科学领域教育的相关要求，其中涵盖物理学科。教师针对学生实际，制定带有探索和研究分析性质的教学大纲，指导学生形成长期性学习目标，其中既要包括年度的目标，又要包括较短时间内的目标。

物理教学不仅仅是知识的教学，还要让学生感悟到科学的重要性，提升学生崇尚科学、探究真知的积极性。物理有着较强的实用性，大量的物理知识在日常生活各个方面普遍存在，并且被广泛应用。虽然很多物理知识看起来很深奥，很抽象，但更多的物理知识是来源于生活的。因此物理教学应该联系生活实际，用物理知识解释一些生活中的现象和解决生活中遇到的问题。同时，在物理实验里，引入平时用到的相关物品。比如，用惯性知识解释汽车启动时乘客的后仰，运动会中如何掷铁饼能取得更好的成绩，超市出口处的报警装置，汽车驾驶室外面的观后镜，斜拉桥为什么能够那样建设，煮鸡蛋的皮怎样好剥，卫星在太空中的运动轨迹，等等。通过这些与日常生活紧密关联的事例引入物理知识的学习。将抽象的物理学定义和概念与日常生活中的现象结合起来进行讲解，从而使物理知识形象化，进而让学生懂得物理并不神秘、物理就在身边，让学生学会用物理理论来解释和分析实际现象，引导他们运用物理知识解决现实问题。

六、课程评价建议

课程标准对指导物理教学具有重要的意义，是对课程综合评价的前提。只有按照新课程标准的指导思想和要求，改革和创新评价的理念，结合高中阶段物理学科的实际情况，积极探索有效的评价方式，构建科学、完善、合理的评价体系，才能切实符合新课程标准，逐步提升高中阶段物理教学质量。课程评价重点在以下几个方面加强：

（一）重视学习的各个环节，不过分关注学生的考试成绩

切实激发和保护学生积极主动投入学习过程的热情。注重激发和培养学生的潜能。学生之间的个体差异和内在需求应该得到教师的关注，教师应通过各种有效措施把学生引导到主动思考、深入探究、自主破解难题等方面，从而转变以前单独地关注学生是否掌握了物理方面的概念和定义的状况。

（二）多方位地考察评价学生

将学生平时课堂表现、实验操作能力等纳入考评范围，不再以某一次或几次的成绩作为评价的唯一标准。根据长期性、多批次的汇报和梳理，进而对学生做出较为客观、准确的评价。这样的评价结果能够取得多数学生的接受，能够激发他们愿意参与评价、主动开展评价的积极性。

（三）从客观方面评价学生

对学生的行为及学习过程多做具体事实的记录，而不是带有主观色彩地下结论、定调子。在开展评价时，结合教师所记录的相关内容，找出和肯定每个学习小组、每位同学身上的优点及具体表现，充分肯定学生积极探究所取得的难得成果。在此过程中，又要采取恰当方式，恰当地指出每个学习小组、每位同学身上的不足和差距及具体表现，并及时给予指导。通过和实际情况的紧密结合，评价不再是枯燥的，而是丰富的、立体的。评价应该简明扼要，避免长篇大论。

（四）倡导运用多种主体开展评价

运用多种主体进行评价也即不单单是教师对学生评价，还有学生之间的评价和学生自我的评价。多种方式对学习环节进行评价，学生能够自主开展评价，学生之间相互开展评价，实行多种方式相结合。

七、美国物理教材和中国物理教材比较的实例——人教版教材与美国教材的比较

（一）教材内容的差异

一般来说，经典物理学和现代物理学的界限是 1900 年，1900 年之前称为经典物理学，1900 年之后统称为现代物理学。美国物理教材更注重现代物理知识的教学，并且特别重视物理学的实际应用，在教材中有物理学的应用这一板块，激发学生探究物理知识的兴趣，进一步学习物理知识。中国物理教材更注重物理知识的系统，对经典物理学知识的分析更多些，在知识联系社会实际部分的内容还很欠缺。由此看出，与我国的教科书相比，美国的教材更能够促进学生学习，便于学生掌握。

（二）在培养学生探究能力方面的差距

当前我国使用广泛的人教版教材，切实做了培养学生全面素质的努力，尤其是在物理教学方面也注重学生探究能力的培养，但在实际的教学实践中有很多欠缺的地方。美国的物理教材，一方面重视学习物理知识和技能；另一方面重视学生开展学习的过程，关注学生的感受，培养正确的价值观念。在开展教学评价时，明确要求教师不能

单纯地教授，应注重学生参与感和相关感受。把传统的课堂变为学生自主学习的高效模式，学生主动参与课堂讨论，从而得出结论。强调学生是学习的主体，教师只是辅导员、引路者、合作者、促进者。同时，为了提高学生探索的能力，安排了相应的学习板块。相比较中国，美国的教科书在这个方面做得更好。

（三）对我国物理教学的反思

针对我国物理教学的不足之处，我们进行反思，并提出以下几个方面的改革的措施。

首先，应大力开发教材配套的教辅资料，实现教材的立体化。

有一项关于物理教材的调查问卷，在"您觉得物理教材和辅导书哪个更有帮助"一项中，44%的学生选择了辅导书的作用更大，38%的学生选择了两者作用差不多，而只有18%的学生选择教科书的作用更大。从这个角度来看，加强研究具有高质量的教辅书对物理学习有着重要的意义。物理教材限于篇幅、知识的逻辑性等，往往会省略很多和物理相关的课外阅读内容。这些内容虽然不会对物理知识的逻辑性产生影响，但它有助于学生对物理知识的全面了解和深入了解。教材相关资源对于学习非常重要，有着补充和支撑的作用。从美国情况来看，注重构建完整的教材资源体系，不仅包括教科书，而且包括相关学习资料、活动手册、评价相关手册等。我国的教材所包含的资源较少，没有相关的网络资源的支持或者光盘指导学生的学习。在目前高中阶段的物理教学中，主要依靠教科书进行。教学的模式和资源都比较单一，不够丰富和多样，使学生不能开展主动学习，影响乃至削弱了学生的学习意愿和热情。学生是课堂学习的主体，特别是在物理教学活动中，仅仅依靠单一的教科书开展教学活动，难以达到理想的学习效果。应该改进现有的教学教材，在此基础上加快引进立体化教材体系。在构建立体化教材体系中，一方面，应坚持教科书作为开展高中阶段物理教学的中心；另一方面，在科技发展的今天，应充分利用这一有利优势，运用计算机、互联网、多媒体等多种形式的教育资源。通过高效整合和有机协调，使多种教育教学资源之间实现优势互补、优势共享，这样既方便了教师开展教学活动，又能够形象直观地让学生便于理解和接受，最大限度地达到教育教学效果。

其次，教材要联系学生的生活。

物理学作为一门解释自然现象的学科，在日常生活中能运用物理学解释的日常现象比比皆是。如棉花糖制作、洗衣机脱水等离心现象，学生非常熟悉；超声波等科技在医疗设备和器械等方面的使用；家用电是如何从发电厂传输到家里的等。在物理教学中，应以日常所见为契机，进而导入物理知识，能够提高学生的学习热情和兴趣。教科书应注重将物理与日常生活紧密关联，这样能够增强学生的学习意愿。同时，将物理教学与平日里的事物和现象进行关联，能够让学生更好地学会运用知识。在高中阶段随着学生对物理知识掌握得越多，理解能力的进一步加强，学生就越能运用所学的知识独立地解答生活中遇到的问题。在高中阶段物理教学中，教师应引导结合所学知识，人为学生设定一些问题和环境，鼓励学生运用所学到的知识，独立地去开展积极思考、分析和探索，并且形成有针对性的应对措施。这样，能够帮助学生学会探寻、剖析、破解问题，掌握科学探索的原理和一般方法。

最后，重视科学精神和人文精神的结合。

高中物理教学不仅仅是物理知识的教学，还是培养学生运用科学的方法探索自然、探索未知世界的能力，以及树立他们正确的科学价值观。高中阶段的物理教材，应发挥出最大效应。让学生乐于学习，具备这些基本的科学研究精神和研究方法才能为日后发展奠定坚实的基础。培养学生学会单独思考和探索问题，促进长远发展。重视对学生怀疑精神的培养和锻炼，培养正确的价值认知和价值体系。重视学生在学习中试错的价值。重视物理和日常生活具体现象的联系，让学生清楚物理在生活中应用广泛，让他们感受到物理就在生活之中，进而促进学生将所学知识更好地在日常生活和社会发展中主动运用。同时，应结合教育实际，更加注重知识、能力、素质的同步发展，重视提高学生参与学习的意愿，促进他们更好地健康成长和全面进步。

另外，应结合课堂教学的实际进展，采取多种形式的教学模式，比如小组讨论等多种灵活的学习形式，让学生相互之间进行合作和沟通，培养他们逐步形成合作、真诚的精神；使他们明白分享、合作、集体、团队在学习和解决实际问题中的重要性，促使学生学会分享、学会合作，处理好个人和集体、团队的关系，切实体现合作的最大意义。

科学技术说到底是服务人类服务社会的，但以往的科技进步却给社会带来了一定的负面影响，比如环境的恶化、能源危机等。在教学中教师组织一些比如人和自然的关系、科技的发展和进步等话题，以引导学生对社会重大问题的关注和深入研究，培养他们关注社会问题、关注社会发展的责任感和作为社会公民的意识，增强学生的使命意识和责任意识。在此基础上，增强学生运用所学知识推动社会进步、造福人类社会的使命意识，促进全面、健康的人生观、世界观的培养和形成。还应通过物理学科的教学，强化学生美的教育。物理学不是单纯的技术属性，并不像画画、照相等领域的美体现较为直观。物理学也有美的特性，物理学的美存在于揭示现象和规律之中，是一种特殊的美。应结合物理知识的实际情况，重视对美的体现，开展对美的深入挖掘，培养学生的审美能力，使学生在学习物理知识的同时，从而发现物理的美学价值。

以上就是我国和外国课程的比较和研究。综上所述，国外的物理教学改革先于我国，并且在教育的现代化改革上是走在我们前面的。在物理教学的内容和教学模式上有很多是值得我们学习和借鉴的。纵观我国的物理教学，虽然稍落后于国外发达国家，但已经实施的教学改革正在教学中起作用。未来我们还有很多方面需要学习和改进，只要努力必能到达。

第四章 物理教学目标与课程标准

第一节 物理教学目标的制定

一、物理教学目标的意义

高质量的教学目标预设是教学成功的前提。物理教学目标的制定对教学活动的有效实施具有重要的指导意义。

第一，教学目标的制定为后期的教学指明了方向。例如，在高中物理的教学中对"平抛运动"的讲解，事先设定"学生能理解平抛运动是水平方向的匀速直线运动和竖直方向的自由落体运动的合运动"的目标，在接下来的教学中都围绕这一目标的实现而努力。首先给学生播放平抛运动的课件，学生观察后发现做平抛运动的小球水平方向的位移和水平方向匀速运动的小球位移一致，竖直方向的位移跟竖直方向自由落体的小球位移一致。然后分析做平抛运动小球的受力，分析得出小球竖直方向受力，水平方向不受力。再让学生小组交流讨论平抛运动水平方向和竖直方向做什么运动。通过这样一系列的演示，学生不难得出平抛运动是水平方向匀速直线运动和竖直方向自由落体运动的合运动。最后教师画出平抛运动轨迹，让学生画出水平方向和竖直方向的分速度。本节物理课教学目标就是本节课教学活动的方向，课堂教学活动都是为了实现教学目标而展开的。教学目标的设定避免了教学的盲目性，可以有效提高课堂教学的效率。

第二，教学目标设定后，为寻找合适的教学方法和途径提供了方向性的指导。围绕教学目标的实现会设计一系列教学方法。例如，在"平抛运动"的教学中，分别运用了观察法、讨论法、逻辑推理法等。先预设了观看课件的活动，让学生去分析平抛运动小球的受力情况，让合作交流小组讨论小球水平方向和竖直方向各做什么运动，让学生画出小球平抛运动水平方向和竖直方向的分速度。这一系列预设的活动保证了教学活动朝着既定的目标有条不紊地进行，是课堂教学有序进行的保证。

第三，教学目标的设定为以后的教学评价提供了依据。物理教学是否成功的检测标准之一就是看既定的教学目标是否完成了。如"平抛运动"这节课，设定了"学生能理解平抛运动是水平方向匀速直线运动和竖直方向自由落体运动的合运动"的教学目标。因此，学生是否理解平抛运动合成与分解的相关问题，就是评价教学是否成功的标准之一。根据学生落实教学目标的情况，教师要及时调整和改进自己的教学方法，以便下次教学更有成效。

二、物理教学目标的特点

（一）导向性

"导向性"是指制定的目标要有导向性，要为接下来的教学指明方向。但是，教学目标的"导向性"特点有一个弊端，那就是它不利于发挥学习主体——学生的主观能动性和创造性，教学过程容易变成一个重复教学设计的机械过程，使课堂容易陷入枯燥乏味中。例如，"力"这节课，设定"学生理解力的概念和性质"的教学目标，先让学生思考生活中有哪些常见的力，如拉力、压力、弹力等，然后说出这些力的受力物体和施力物体是什么，接下来从具体实例中抽象出力的概念。力不能离开物体而存在，体现出力的物质性，再从力的矢量性、瞬时性等角度理解什么是力的特点。在整个教学过程中教师过多地关注教学目标的落实，急于完成教学进度，从而忽视了学生的个体差异性和创造性。

（二）统一性

"统一性"是指对全班同学设定的教学目标是同一个。教学目标的"统一性"特点有利于节省教师资源和教学资源，但是没有考虑到学生的水平差异和个性差异，不利于学生的个性发展。在制订教学目标时很少考虑到学生的个性需求，比如，文科生和理科生在对待同一物理问题时要求理解的程度是不一样的，但教学中没有照顾到这种需求。物理教学要满足学生了解和认识自然界的愿望，不同的学生对学习物理的兴趣是不同的，这种统一性特点不利于学生的个性发展。

（三）确定性

"确定性"是指在教学开始之前教学目标就已经明确存在。教学目标"确定性"的特点有利于教学围绕教学目标展开，使教学向课前设定的方向前进，提高教学的效率，保证教学任务顺利完成。但是，教学目标"确定性"的特点容易导致教学过程僵化，失去活力，使学生对课堂知识缺乏兴趣，学生的主体性受到压抑，不利于激发学生学习的创造性和主动性。

（四）程序性

"程序性"是指为了完成教学目标，预设了与之配套的一系列教学程序。教学目标的"程序性"有利于教师对整个教学活动的操作和控制。但是，这种"程序性"特点会导致教学设计的机械重复，充满活力的物理课堂也就变得枯燥乏味，不利于发挥学生学习的主动性。

教学应该是一种有目的、有组织、有计划的师生双向活动，通过这样的活动，学生的知识、能力、情感能得到预期的发展。教学目标的预设是课堂教学的起点，能够给学生的发展指明方向，保证教学活动有条不紊地进行。

三、高中物理教学目标设定的依据

（一）物理课程标准

首先，物理课程标准是教育部颁发物理学科教学最权威的纲领性文件，是编写物理教材和指导物理教学的依据，是评价物理教学和物理试题命题的依据，是预设物理教学目标的基本依据。教师在制订物理教学目标之前必须认真研读物理课程标准，领会课程标准精神，以课程标准为依据制订物理教学目标，才会在以后的教学中不至于偏离方向。

其次，现在全国的教学课程改革实行的是"一个课程标准，多个教材版本"。不同版本对课程标准的解读是不同的，但是课程标准是教材编写的最原始依据，其地位应高于一切版本的教材。因此，在设定物理教学目标时，要依据物理课程标准对不同版本的教材进行分析比较，对教材内容进行合理的取舍，优化高中物理学科知识体系。

再次，课程标准为设定教学目标提供了课程基本理念、课程目标、内容标准和实施建议等指导内容。设定教学目标首先要明确课程的性质、基本理念。物理课程的理念是，不断提高学生的科学素质，促进学生的全面发展。要明确课程的结构、内容、实施、评价等方面的基本精神。设定教学目标还要研读课程标准的课程目标。该部分从"知识与技能""过程与方法""情感态度与价值观"三个角度对物理课程提出了具体的课程目标要求，设定教学目标要参考课程标准的内容。它对教学实施所要达到的具体目标做了规定。

最后，预设教学目标要借鉴课程标准的实施建议。该部分对教学、评价、教科书编写、课程资源利用与开发等方面阐述了操作原则和实施建议。设定教学目标只有认真研读课程标准，才能保证教学活动的有效实施。

（二）依据学生的认知水平设定教学目标

学生的认知水平包括已有物理知识水平和认知能力。学生已有的物理知识水平是学习新的物理知识的基础和支撑，新的知识是已有知识的延伸和发展；学生认知能力指记忆、理解和抽象思维能力的熟练度，它是影响学生是否能落实教学目标的关键。预设教学目标时，要了解学生的最近发展区，依据学生的认知水平，确定教学目标的起点，把握教学目标的难度。

（三）依据教学环境设定教学目标

教学环境是落实教学目标行为发生的环境。教学环境在教学中的作用也是不容忽视的，因为教学环境是预设教学目标的重要依据之一。教学环境又分为硬环境和软环境，教学硬环境指教室、桌椅、实验器材、多媒体设施、黑板等客观存在的教学设施，教学软环境指校风、学风、师生的素质等。其中教学硬环境是教学目标预设的重要依据，不同的教学硬环境达到的教学目标也是不一样的。

因此要依据当前实际的教学环境，设定合理的、可以落实的教学目标，不能设定当前教学硬环境无法落实的教学目标。如预设"学生利用互联网搜索牛顿发现万有引力定律的历程，体验科学家探索自然界的艰辛"的教学目标，对城市学生来说，电脑已经很普及了，所以很容易落实这一目标；但是对农村学生来说，大部分学生家里没有电脑，无法具体落实这一教学目标。教学环境也是教学目标设定的依据之一，影响物理教学目标设定的难易程度。

（四）依据学生的现实状况设定教学目标

学生的现实状况包括学生的心理特点、学习需要、智力发展水平、认知准备等。它直接决定了教学目标落实的内容和效果。教学对象是学生，教学目标是教学对象通过教学活动在教师的引导下实现的。如果不了解学生的现实状况就设定教学目标，那么教学实施就失去了行为主体，落实教学目标也就成了无稽之谈，因此学生的现实状况是预设教学目标的重要依据，在预设教学目标时，一定要考虑学生的心理特点、兴趣和需要、认知准备等因素。

第二节　物理教学的目标与方式

一、教育目标概述

（一）什么是教育目标

第斯多惠认为，"实现真善美所要求的自我活动"是教育的最终目标，而在泰勒看来，教育目标是有意识地选择的目的，也就是学校教职员所向往的结果。和上面两位学者不同的是，布鲁姆认为，教育目标是教师所预期的学生的变化。"教育目的"是指教育的总体方向，它所体现的是普遍的、总体的、终极的教育价值。"教育目的"体现的是宏观的教育价值，它具体体现在国家、地方和学校的教育哲学中，体现在宪法、教育基本法、教育方针之中。"教育目标"是"教育目的"的下位概念，不同性质的教育和不同阶段的教育具有不同的教育目标。如基础教育、职业教育、成人教育等，它们的教学目标是不一样的。"课程与教学目标"又是"教育目标"的下位概念，它是具体体现在课程开发与教学设计中的教育价值。

（二）教育目标的价值

"普遍性目标"是在经验则、哲学观或伦理观、意识形态或社会政治需要的基础上而引出的一般教育宗旨或原则，它可直接运用于课程与教学领域，是课程与教学领域一般性、规范性的指导方针。它的优点是把一般教育宗旨或原则与课程教学目标等同起来，所以具有普遍性、模糊性。但普遍性教育目标也存在不足之处：第一，这类目标局限于一般教育经验的累积，缺乏科学的依据；第二，没有科学作为依据，使得这类目标在逻辑上不够彻底、不够完整。

"行为性目标"是以具体的、可操作的行为方式陈述的课程与教学目标，它具有目标的精确性、具体性、可操作性。"行为性目标"有助于选择学习经验和指导教学。但它也有缺点：行为性教学目标过于注重行为方式，不利于课程开发与教学过程中的创造性和人的学习主体性，不注重人格的全面发展。

"生成性目标"是在教育情境中随着教育过程的展开而自然生成的课程与教学目标，它与"行为性目标"有着截然不同的性质。"行为性目标"是在教育过程之前或教育情境之外预先制订的，作为课程指令、课程文件、课程指南而设定的目标，而"生成性目标"则是在教学过程中解决一定的问题而产生的教育结果。它更注重的是教育的过程，"教育基本上是一个演进的过程，而且它是渐进生长的，它扎根于过去而又指向未来"，是"生成性目标"的教育价值取向。"生成性目标"比"行为性目标"更注重人在教育中的主体地位，更注重人格的全面发展。"生成性目标"有着很高的价值，也符合现代教育的需要，但它对教师要求太高，实施过程有一定的难度。"生成性目标"对课程的开放性教育、对学生的学习能力有一定的要求。

（三）世界各国教育目标的发展趋势

当今世界追求相似性和独立性的对立统一以及多样性和共同性的统一。在这一趋势和文化背景下的价值取向必然会反映到教育中来，也必然影响到教育目标的选择和确立。当今世界各地教育目标的发展趋势有以下特点：

1. 个性化和社会化的统一

美国文化最核心的价值是个人主义、个人自由，而中国、日本等国家则更注重国家主义、集体主义。近年来，由于社会的发展、各国各地文化的不断交流和融合，世界许多国家已认识到教育不仅要满足国家主流文化的要求，又要满足多元化群体及公民个体的教育权利的需要。

2. 德育和智育的统一

古代的教育更注重学生道德的完善、健康人格的建立。近代，教学技术的社会应用带给人们很大的冲击，近代教育从重德转到重视智力。现代教育已认识到这两种观念的片面性，因而把二者的价值取向结合起来。

3. 知识和能力的统一

过去的学习重视的是学生对知识的积累和掌握，现代教育目标则更注重学生对知识的运用，更注重他们运用知识解决问题能力方面的培养。

4. 当代与未来的统一

这种目标必须反映出当前社会的价值取向和社会的需要，必须考虑未来社会的发展趋势，将当代与未来统一起来。为此，在社会化和个性化的统一中，个性化是基础；在智育与德育的统一中，德育是基础；在知识与能力的统一中，知识是基础；在当代与未来的统一中，当代是基础。总之，教育目标的确立是教育活动过程中的首要问题，是一个值得深入探讨和研究的问题。

二、物理教学目标

（一）物理学的自然学科地位

物理学是自然科学的基础。20 世纪以来，物理学的发展对现代社会的影响和对自然规律认识的深化尤为突出。以量子力学和相对论的创立为标志的物理学革命，不仅导致了人类宇宙观的重大转变，诱发或促进整个自然科学的改观，而且带来了人类社会空前的技术进步，极大地改变了人类的生产生活方式。电学和磁学现象的研究以及麦克斯韦的电磁理论为建立现代的电力工业和通信系统奠定了基础。无线电、电视、雷达的发明极大地改变了人们的生活。量子力学的建立是 20 世纪物理学的另一重大进展。量子力学为描述自然现象提供了一个全新的框架，现在人们认识到量子力学不仅是现代物理学的基础，也是化学、生物学等其他学科的基础。此外，量子力学还促使了半导体、光通信等新兴工业的崛起，并为激光技术的发展、新材料的发现和研制以及新型能源的开发等开辟了新的技术途径。半导体材料、半导体物理和半导体器件研究的进展为计算机革命铺平了道路，而计算机革命给人类社会和技术进步所带来的影响是无法估计的。

今天物理学的作用仍然是多方面的。一方面，物理学将继续通过它和其他一切学科的交叉、渗透和相互作用产生出许多新的边缘学科。另一方面，物理学仍会不断地提供新的理论、实验技术和新材料来影响其他学科、技术和社会的进步。今天和将来的许多新技术都来源于物理学的基础研究，物理学仍将是自然科学的基础。

高能或粒子物理和天体物理是当今物理学研究领域里的两个尖端。前者在最小的尺度上探索物质更深层次的结构，后者在最大的尺度上追寻宇宙的演化和起源。近些年的进展表明，这两个极端竟奇妙地衔接在一起，成为一对儿密不可分的姊妹学科。自伽利略、牛顿时代以来，物理学与天文学已成为精密的理论科学，而其他自然科学却一直是经验性科学，这其中也包括化学。1998 年的诺贝尔化学奖颁给了科恩和波普，以表彰他们在量子化学方面所做的开创性贡献。颁奖的公报说，量子化学将化学带入了一个新的时代，化学不再是纯实验科学了。在此之前，如果说物理化学还是物理学和化学在较唯象层次上的结合，则量子化学已深入到化学现象的微观机理。近年来，物理学与化学间的交叉学科如量子化学、激光化学、分子反应动力学、固体表面催化和功能材料等，都取得了长足的进展。

（二）物理教学目标

在物理学的基础之上，研究物理学的教育功能和教育价值，并以物理学内的文化内涵为出发点，实现新课标的教育目标。只有这样，才能解决教什么的问题，才能在注重教育过程和方法的基础上，不仅实现科学知识和技能的培养，同时实现情感的升华、态度的转变以及价值观的形成，从而达到三维目标的全面实现。物理三维教育目标的具体内容有：

1. 知识与技能方面

初步了解物理学的发展历程，关注科学技术的主要成就和发展趋势，以及物理学对经济、社会发展的影响；学习物理学的基础知识，了解物质结构、相互作用和运动的一些基本概念和规律，了解物理学的基本观点和思想；认识实验在物理学中的地位和作用，掌握物理实验的一些基本技能，会使用基本的实验仪器，能独立完成一些物理实验；关注物理学与其他学科之间的联系，知道一些与物理学相关的应用领域，能尝试运用有关的物理知识和技能解释一些自然现象和生活中的问题。

2. **过程与方法**

通过物理概念和规律的学习过程，了解物理学的研究方法。认识物理实验、物理模型和数学工具在物理学发展过程中的作用；参加一些科学实践活动，尝试经过思考发表自己的见解，能运用物理原理和研究方法解决一些与生产和生活相关的实际问题；经过科学探究过程，认识科学探究的意义，尝试应用科学探究的方法研究物理问题，验证物理规律；能计划并调控自己的学习过程，通过自己的努力能解决学习中遇到的一些物理问题，具有有一定的自主学习能力，质疑能力，信息收集和处理能力，分析、解决问题的能力和交流、合作的能力。

3. **情感态度与价值观**

能建立与他人合作的精神，有将自己的见解与他人交流的意愿，坚持正确的观点，勇于改正错误，具有团队精神；拥有参与科技活动的热情，有将物理知识应用于生活和生产实践的意识，敢于探究与日常生活有关的物理学问题，具有敢于坚持真理、勇于创新和实事求是的科学态度和科学精神，具有判断有关大众传媒的信息是否科学的能力；能欣赏自然界的奇妙与和谐，发展对科学的好奇心与求知欲，乐于探索自然界的奥秘；能体验探索自然规律的艰辛与喜悦，了解并体会物理学对经济、社会发展的贡献，关注并思考与物理学相关的热点问题，有可持续发展的意识，能在力所能及的范围内为社会的可持续发展做出贡献；关心国内、外科技发展的现状与趋势，有振兴中华的使命感与责任感，有将科学服务于人类的意识。

第三节　物理课程的内涵

一、知识内涵

物理学科所呈现的知识是丰富多彩的，主要包括物理概念、物理规律、物理实验和物理方法。

通过观察、实验和科学思维得到物理的概念。物理学是典型的自然科学，其概念大都是人们对于自然界的宏观或微观现象的阐述。概念的获得，首先必须建立在足够的感性材料的基础之上。列举生活中熟悉的现象，学生通过观察、思考、分析、比较"现象"的共同属性，概括、抽象出其本质，得出物理概念的含义。物理规律是物理现象、过程在一定条件下发生、发展和变化的必然趋势及其本质联系的反映。物理规律通常分为物理定律、物理定理、物理原理等。物理实验是根据一定的研究目的，运用科学仪器、设备，人为地控制、创造或纯化某些物理过程，使之按预期的进程发展，同时在尽可能减少干扰的情况下进行定性的或定量的观察和研究，以探求物理现象、物理过程变化规律的一种科学活动，也是检验物理学理论是否正确的标准。它不仅是物理学研究的基础，还是物理教学的重要手段，是物理教学的重要内容。物理学方法是研究物理现象、实施物理实验、总结和检验物理规律时所应用的各种手段和方法，即在严格的科学条件的限制下，通过严密的观察实验和科学的逻辑推理，去伪存真、去粗存精、由表及里，找出事物内各部分之间及事物与外部环境之间的相互作用和相互关系，确定由相互作用产生的结构和运动变化的因果关系，形成规律性知识，这些手段和方式的总和叫物理学方法。

二、思想内涵

物理学科是物理科学思想、科学知识、科学方法和科学品质的载体，它直接决定向学生传授什么内容的知识、培养具有什么能力和进行怎样思想教育的问题，即决定培养什么人的问题。在物理教学中，物理思想可以理解为是对物理概念、规律、方法甚至理论的进一步概括。物理思想具有以下几个特点。

（1）思维创造性：物理思想的形成要经过多次抽象与概括，要对物理现象和过程进行创造性的认识。

（2）内容的科学性：物理思想的依据是科学的物理概念、规律、方法、理论，具有一定的科学性。

（3）层次性：物理思想有简单与复杂之分，具有一定的层次。

（4）观念指导性：物理思想能够从观念上指导人们把物理知识运用于问题的解决，以及从观念上指导人们探求新现象，创建新理论。

三、哲学内涵

物理学科的哲学内涵是物理学哲学价值的体现，它以物理学科的知识内容为载体。任何一个具体的物理知识和观念都包含着认识论和方法论的因素，包含着深刻的物理思想和观念，体现着认识过程中理性与实践、继承与突破、理性与非理性、逻辑与非逻辑的辩证统一。在物理教学中渗透哲学思想，对学生的人生观、价值观会有很大的作用。

第五章 物理教学模式

第一节 物理教学模式的特点

物理课程区别于其他课程的特殊性，决定了物理教学模式的特殊性。从物理教学的特点理解归纳物理教学模式的特点。

新的物理课程标准对物理教学提出了新的要求，这必然使物理教学呈现新的特点。新物理课程标准要求物理教学由传统的知识性教学转向现代化的发展性教学，在此基础上，物理课程的教学模式要有以下几个方面的特点。

一、物理教学模式要有新意

传统的教学模式是单纯的知识性教学，教师通过对概念的讲解要学生理解物理知识并且识记。但物理知识往往都是对自然的抽象描述，传统的教学模式必然给学生的学习带来困难，而且不利于学生对物理建立兴趣。现代的教学模式要求结合物理课程的特点建立具有新意的教学模式，让学生对知识的探索产生浓厚的兴趣。教学模式的新意主要表现在以下几个方面。

（一）新理念——体现先进的教育教学思想

理念是行为的指导，不同的理念引导不同的行为。观念是改革的先导，不同的教学理念会带来不同的教学设计，取得不同的学习效果。教师的教育观念决定着教师的行为，教师教育观念转变是有效地进行课堂教学的关键。

新物理课程标准对学生提出的要求是，不仅要掌握陈述性知识，更要掌握程序性知识和策略性知识。围绕着要求，新物理课程标准对人才的培养目标是，促进每一位学生的发展和学生终身学习的愿望与能力的培养，尊重学生的个性与差异，发展学生的潜能；为了达到这一目标必然要求教师建立新的教学观念以适应这种教学模式，要求教师关注学生的学习兴趣和经验，倡导学生主动参与学习，建立和学生之间新的师生角色关系。

物理教学活动必须建立在学生的认知发展水平和已有的知识经验基础之上。教师应激发学生的学习积极性，向学生提供充分从事物理活动的机会，帮助他们在自主探索和合作交流的过程中真正理解和掌握基本的物理知识与技能、物理思想和方法，获得广泛的物理活动经验。学生是物理学习的主人，教师是物理学习的组织者、引导者与合作者。

新的物理课程标准对学生也提出了不同的要求，那就是我们在物理教学中究竟要培养什么样的学生。要使每一位学生都能全面和谐的发展，都能使个性得到充分发展。尊重每一位学生的个性、特性和独立性。

新物理课程标准要求新的物理评价体系促进学生发展、教师提高和不断改进教学的作用。

评价的主要目的是为了全面了解学生的物理学习历程，激励学生的学习和改进教师的教学；应建立评价目标多元、评价方法多样的评价体系。对物理学习的评价要关注学生学习的结果，更要关注他们学习的过程；要关注学生物理学习的水平，更要关注他们在物理活动中所表现出来的情感与态度，帮助学生认识自我、建立信心。

（二）新思路——体现构思新颖

实用高效的教学思路教学的设计思路是一堂物理课成功的一个关键因素。面对同样的教学素材和教学情境，由于教学设计思路不同，课堂教学效果也大不相同。

（三）新手段——重视现代化手段的运用

计算机的普及使很多学校都拥有了这一有利条件。运用多媒体计算机辅助教学，能较好地处理大与小、远与近、动与静、快与慢、局部与整体的关系，能吸引学生的注意力，使抽象的物理概念能通过多媒体的表述变得直观易懂，启迪学生的思维，扩大信息量，提高教学效率。可以说，现代教学技术和手段的推广使用为教学方法的改革发展开辟了广阔的天地。

二、物理教学模式要有趣味

"兴趣是最好的老师。"孔子也曾说过："知之者不如好之者，好之者不如乐之者。"由此可见，培养学生的学习兴趣，让学生在愉快的气氛中学习，是调动学生学习积极性、提高教学质量至关重要的条件，也是提高学生学习效率的有效措施。学生有了学习兴趣，学习活动对他们来说就不是一种负担，而是一种享受、一种愉快的体验，学生会越学越愿学、越爱学。怎样才能使物理教学模式有趣呢？

（一）利用好课程导入阶段

导入新课是一堂课的重要环节，也是引起学生对这堂课感兴趣的关键一步。俗话说"良好的开端是成功的一半"。好的导入能集中学生的注意力，激起学生的学习热情和兴趣，引发学习动机，并能引起学生的认知冲突，打破学生的心理平衡，使学生很快进入学习状态。为此，要经常从教材的特点出发，通过组织有趣的小游戏，讲述生动的小故事，或以一个激起思维的物理问题等方法导入新课。

学生往往具有好奇心比较强，而学习目的性、自觉性和注意力稳定性差，具体形象思维占优势等特点，因此，为了吸引学生的注意力，需要结合课题引入一定的故事情节，诱发学习兴趣。

（二）讲授新课时保持学习兴趣

以往的教学认为，学习知识是一件艰苦的事情，在学习过程中需要一定的意志力。然而，如果是学习自己感兴趣的事物，那么"苦事"也会变成一件"乐事"，变"苦学"为"乐学"、变"要我学"为"我要学"。那么，如何让学生在学习的过程中保持热情呢？大致应注意做到以下几点：

1. 重视运用教具、学具和电化教学手段，让学生的多种感官都参加到教学活动中。

2. 营造良好的教学氛围，建立和谐的师生关系，使学生在轻松愉快的环境中学习。

3. 创设良好的教学情境，通过富有启发性的问题、通过组织学生互相交流、通过让学生不断体验到成功的欢乐，从而保持学生的学习兴趣。

（三）巩固练习时提高学习兴趣

巩固练习阶段是帮助学生掌握新知识、形成技能、发展智力、培养能力的重要手段。心理实验证明，学生经过近30分钟的紧张学习之后，注意力已经过了最佳时期。此时，学生易疲劳，学习兴趣容易降低，成绩较差的学生的表现尤为明显。为了保持较好的学习状态，提高学生的练习兴趣，除了注意练习的目的性、典型性、层次性和针对性，我们还要特别注意练习形式的设计，并注意使练习具有趣味性。

三、物理教学课堂要有活力

充分调动学生的学习积极性，让课堂教学焕发出生命活力，让课堂活起来，使学习变得有趣味。物理教学的活力表面上是课程的内容活、经验活、情境活，实质上是师生双方的知识活、经验活、智力活、能力活、情感活、精神活、生命活。

（一）教学方法灵活

高中物理教学方法多种多样，每一种教学方法都有其特点和适用范围，不存在任何情况下对任何年龄学生都有效的"万能"的教学方法。因此，教师要从实际出发，选择恰当的教学方法，而且随着教学改革的不断深入，还要创造新的教学方法，以适应时代的要求。

"教学有法，但无定法，贵在得法"，教学中要注意多种方法的有机结合，坚持"一法为主，多法配合"，逐步做到教学时间用得最少、教学效果最好，达到教学方法的整体优化。但无论采用何种方法，教师都要坚持启发式教学，都要坚持在教师的指导下，让学生通过动脑、动口、动手、动眼，积极主动地参与学习活动，都要坚持面向全体、因材施教的教学原则，都要坚持让学生把学习当成是一种"乐趣"，而不是一种"负担"。

（二）活用教材

教师对教材钻研的程度直接关系到教学质量。要想教得好，全在于运用；要想运用得好全在于吃透，只有熟悉大纲，吃透教材，使教材的精神内化为自己的思想，上课时才能挥洒自如，得心应手，才能做到自己教得轻松学生学得愉快。

（三）让学生"活"起来

只有调动了学生的积极性，使学生在课堂上"活"起来，学生才有可能主动、生动、活泼地展示自己，才能健康全面地发展自己。把学生教活很重要的两个方面就是课堂上要注意培养学生的问题意识，要让学生有思维活动，有物理思考。

无论是对教师还是对学生来说，问题意识应该成为基本意识。因为，所谓教学，说到底，就是师生共同探讨研究解决问题的过程。在这一过程中，学生如果学会了如何发现、分析和解决问题，那么，教师的"教"才能见成效，学生的主体地位才能得到充分体现。

物理课上要有物理思考，有学生的思维活动，也就是我们现在经常提到的物理课要有"物理味"。

四、物理教学要追求实效

（一）物理教学中要讲求实效，不走过场，不摆花架子

每一个教学目标的建立都要在课堂上落到实处，不要走过场。这尤其是针对物理教学中的实验教学。很多实验的教学教师往往忘记了实验教学的初衷，对物理实验教学走过场，最终得到物理知识的结论，学生并没有通过物理实验的教学探索物理世界

的奇妙。

　　合理地确定教学内容的广度和深度；明确教学的重点、难点和关键；合理安排教学的顺序。要把物理教学和学生的生活实际联系起来，讲来源，讲用处，改变过去"掐头去尾只烧中段"的做法。让学生感到生活中处处有物理，学起来有亲切感、真实感，要靠知识本身的魅力来吸引学生。同时教学过程中做到三个"延伸"。一是由传授知识向传导方法"延伸"，二是由传授知识向渗透情感"延伸"，三是由传授知识向发展智能"延伸"。

（二）课堂训练扎实

　　即体现边讲边练，讲练结合。做到练有目的、练有重点、练有层次，形式多样，针对性强，并注意反馈及时、准确、高效。

（三）教学目标落实

　　学生主动参与学习；师生、生生之间保持有效的互动；学习材料、时间和空间应得到充分保障；学生形成对知识真正的理解；学生的自我监控和反思能力得到培养；学生获得积极的情感体验，这六个方面都能落到实处了，那这节物理课的目标就算是达成了。

五、物理教学要有美的体验

（一）教师教学的风格美

　　所谓教学风格，是指教师在长期的教学实践中逐步形成的、适合自己个性特征的教学观点、教学方法和教学技巧的独特结合与表现。它也是判断教师在教学上是否成熟的标志。没有教师的个性化教学就很难促成学生的个性化学习。一个教师教学风格的形成和教师的个性气质及教学经历往往是分不开的。

（二）学习氛围美

　　一个人只有在宽松的氛围中，才会展现自己的内心世界，才会勇于表现自我，个人的主观能动性才能得到发挥。学生只有在民主和谐的气氛中学习，才能心情舒畅，才能使思维始终处于积极的、活跃的状态，才能敢想、敢说、敢于质疑。教学过程是师生相互交流的双边活动过程。师生以什么样的心境进入教学过程，是学生主动参与学习并取得教学效果的前提。民主、和谐、宽松、自由的教学氛围，能够最大限度地发挥人的主体性。

　　课堂教学中要减少对学生自主学习时间的占领，为学生提供积极思考、主动探索与合作交流的空间，使学生多一些自由的体验。我们要为学生创造富有个性化、人性化的学习氛围和空间，使学生的个性特长和学习优势得到充分的发挥。

（三）感受美

感受美不仅仅要让学生感受到物理的审美价值，还要要让学生感受到在求知探索的过程中的满足感，达到美的享受。在课堂教学中，注重利用成功带来的积极体验促进学生的学习，并使学生获得精神上的满足和享受，这是当代国内外课堂教学改革的一个重要特征。

我们要用发展的眼光看待学生，关注学生的成长过程，及时肯定、赞赏学生的点滴进步，让学生感受到学习成功的欢乐，让他们心中升起自豪感和自尊感。

第二节 物理教学模式的作用

一、建立新的融洽的师生关系

教学是教师和学生的互动，是教师和学生通过知识的纽带建立起来的一种联系。因此良好的师生关系是进行正常的教学活动，提高物理教学效率的保证。融洽的师生关系还有利于学生身心的健康，对师生双方良好的品质的形成也起着重要的作用。但现实的物理教学中，师生关系还有很多不尽如人意的地方，也直接或间接地导致了物理教学的现状的产生，这是素质教育实现的障碍。改革新型师生关系是每一位物理教师必须面对的课题，也是新课程目标的必然要求。因此作为物理教师必须运用新课程理念构建起一种新型的师生关系。

新的物理教学模式的建立对于改善师生关系，建立良好的学习氛围有很大的作用。学习过程是主动建构的过程，是对事物和现象不断解释和理解的过程，是对既有的知识体系不断进行再创造、再加工以获得新的意义、新的理解的过程。新物理课程标准提倡自主、探究、合作学习，要求老师评价语言多样化，能激发学生探索的热情。教师在评价时多用"你的想法有新意""你的见解有独到之处""你还有什么新设想"等积极的鼓励的言语，能帮助学生建立学习的信心，激发学生学习的热情。即使学生回答错了也要给予鼓励："你想到这方面也挺好，你再想想还有另外的因素影响吗？"尊重学生个性的发展，呵护学生的自尊。教师在建立积极向上的学习氛围的同时，引导学生逐渐能发表自己的看法。物理教学模式有利于教师与学生之间相互合作、交流，教学过程中教师和学生之间的平等的朋友式的关系，使学生体验平等、自由、民主、尊重、信任、同情、理解和宽容，形成自主自觉的意识、探索求知的欲望，开拓创新的激情和积极进取的人生态度。

依据新物理课程标准建立的物理教学模式需要物理教师了解学生的生活世界，与学生不断地沟通、交流，彼此尊重，建立起新型和谐的师生关系。因为新物理课程标准关心的是课程目标。

课堂改革的基本理念和课程设计思路，关注学生学习的过程和方法，以及伴随这一过程而产生的积极情感体验和正确的价值观。在教学的过程中，教师要善于利用生活中实际的例子，把抽象的物理知识和概念具象化，使学生易理解，并且生活化的学习情境有利于提高学生的学习热情，增加学习的兴趣。例如，在学习"声音"内容时，要求学生自带乐器，并允许音乐方面有特长的学生讲解他对声音特性的理解，利用学生擅长的一面来学习新知识、理解新知识，更利于学生自信心的建立，建立对物理学习的热情。这样才能把课堂真正还给学生，把学习的主动权交给学生。

二、实现探究式物理教学

新物理课程标准对课程目标做出了明确规定，学生要学习的知识除了书本中的理论知识，还有日常生活中与物理知识相关的实践知识，而这种知识对于实践中的人来讲才是最为根本的知识。物理新课程标准在关于课程目标的阐述中，首次大量使用了"经历、体验、探索"等刻画物理活动水平的过程性目标动词，依据这一标准建立的新物理教学模式有利于在物理学习的过程中，使学生的知识与技能得以巩固，使教学思维经历发展过程，使学生能应用物理能力解决问题，形成积极的物理情感与态度。

物理知识的形成是一个漫长的过程，其间包含着人们丰富的创造性发挥。学生学习物理知识就是掌握前人的经验，进而转化为自己的精神财富，因此物理教师在教学中有意识地创设情景让学生体验和经历知识的形成过程，感受某些物理定律的发现过程，经历物理问题解决的探索过程。例如，在组织"牛顿第一定律"的教学中，先以问题导入：

（1）如果一个人在沙地上玩儿花样滑冰，能滑行吗？

（2）假如这个人是在水泥地上玩花样滑冰呢，可行吗？

（3）假如这个人是在冰上玩儿花样滑冰呢，可以吗？

这样既符合认知规律又有利于激发学生的学习兴趣，有利于学生思维能力的培养。

物理教学模式注重物理知识联系生活实际。日常生活中的物理，是指物理来源于生活、生产实际，同时学习物理又服务于生产、生活。因此在学习新的物理知识时，应尽可能以一些实际例子导入新课，尽量与现实原型进行联系。例如，用学生的近视眼镜作为凹透镜现实原型，使用筷子时可作为杠杆的现实原型等。通过联系现实原型，有利于学生理解物理知识的实际内容，认识到物理知识来源于现实生活和生产实践，从而唤起学生对物理知识的渴求，使学生感受到物理的应用，体会到学好物理的重要作用，加深对物理的认识，让学生找到学习物理的信心。

三、物理教学模式有利于物理课堂环节的优化

课堂教学环节与课堂教学的效益密切相关，优化教学就是使其每一个环节尽量合理化、科学化。物理教学模式中一个非常重要的环节就是新课的导入，下面就新课导入环节的一些方法谈谈物理教学模式对物理课程的影响。

（1）由生活中的错误经验导入新课；

（2）由生活中熟悉的现象导入新课；

（3）由小实验导入新课；

（4）由演示实验导入新课；

（5）由提出疑问导入新课；

（6）由介绍物理知识的实际应用导入新课。

导入新课的方法很多，只要广大教师积极探索，认真去想，认真去实践，就会产生好的效果。

物理教学模式要运用课堂教学结构、环节的新理论、新技术，因此必须把握好两个原则：一是学生学习的主体性，即课堂教学环节的优化要有利于发挥学生学习主体的作用，有利于学生的自主学习为中心，给学生较多的思考、探索、发现、想象、创造的时间和空间，使其能在教师的启发、引导下独立完成，培养科学的学习习惯和掌握科学的学习方法；二是学生认识发展的规律性，即确定课堂教学每一环节都要符合学生认识发展和心理活动的规律。

注重课后作业环节，布置作业要有层次感，如在学习了"摩擦力"后，除布置一些基础习题外，还可布置几道选做题，学生自编一道与摩擦力现象有关的题目，题型不限，写一篇"假如没有摩擦"的科幻小论文。学生可自由选择自己要做的题；联系生产、生活实际，体现从生活走向物理。例如，以打篮球比赛为例学习摩擦力的知识，引导学生思考哪些做法能增加摩擦力，防止球员摔倒，为什么？在球场上撒些小沙子，运动员穿的鞋底带有凹凸不平的花纹，扫净水泥地上的小沙子，穿上平底的塑料鞋。由于作业的优化设计，可以有效地拓展学生的减负空间，丰富课余生活，发展独特个性。

老师还要经常及时给予鼓励，做出评价，指出问题及时纠正，通过多次反馈多次纠正，使练习真正起到应有的巩固知识的作用。

教学策略选择得科学与否，直接影响教学的效果。随着教学改革不断深入，各种方法各具特色，各展身手。新物理课程标准要求物理教学模式要做到以下几点：

使学生真正成为学习过程的主体；

使学生始终保持浓厚的学习兴趣和求知欲；

重点培养学生的能力和心理品质，使他们在学习过程中体会物理学的研究方法，锻炼技能和能力，形成良好的稳定的心理品质。

对于一些偏远地带、教学条件较差的学校，可组织一些有趣的活动来提高学生学习的兴趣。在每一堂课中尽可能采用多种教学方法和模式。只有物理教师广泛涉猎各种教学方法，吃透各个教学内容的特点，了解和掌握自己的教学对象的特征，这样才能科学地、合理地应用教学方法，才能真正提高教学效率和产生理想的教学效果。

总之，物理教学模式能让学生"学会生存，学会学习，学会创造"。

第三节　物理教学模式的种类

教育理论的进步和科学技术的发展使得物理教学产生很多新的教学模式，或者是已有的教学模式得到新的发展，如自主探究教学模式、演示型教学模式、分层教学模式、探究式教学模式等，以及在信息时代涌现的一些新的教学模式。下面就这几种比较典型的物理教学模式予以介绍。

一、自主探究教学模式

（一）自主探究教学模式的理论基础——建构主义学习理论

物理自主探究教学模式的构建是在新课程倡导的现代理念下，以建构主义学习理论为主要理论依据。

1.建构主义的理论发端

建构主义学习理论源于瑞士心理学家皮亚杰提出的儿童认知发展学说。皮亚杰以内因和外因相互作用的观点来研究儿童的认知发展，认为儿童是在与周围环境相互作用的过程中逐步建构起关于外部世界的知识，从而使自身认知结构得到发展。建构主义在传承认知理论的基础上提出，认为知识不能简单地通过教师传授得到，而是每个学生在一定的情景即社会文化背景下，借助其他人的帮助，利用必要的学习资源，通过人际间的协作活动，依据已有的知识和经验主动地加以意义建构。因此，他认为，"情景""协作""会话""意义建构"是学习环境中的四大因素。

情景建构主义认为，学习总是与一定的社会文化背景即"情景"相联系，真实的情景有利于学生对所学知识意义的建构。因此教学情境的创设也是教学设计中最重要的内容之一。

协作与会话：建构主义认为，学习者与周围环境的交互作用，对于学习内容起着关键性的作用。这是建构主义的核心概念之一。从问题的提出、原因的预测或假说、资料的收集与分析、结果的论证以及学习成果评价，学习伙伴间的协作与交流均具有重要作用。学生在教师的组织和引导下一起讨论和交流，共同建立起学习群体，并成为其中的一员。在这样的群体中，共同批判地考察各种理论、观点、信仰和假设，进行协商和辩论。通过这样的协作学习环境，学习者群体的思维与智慧就可以被整个群体所共享，即整个学习群体共同完成所学知识的意义建构，而不是其中的某一位或某几位学生完成意义建构。

意义建构：所要建构的意义是指事物的性质以及事物之间的内在联系。在学习过程中帮助学生建构意义，就是要帮助学生对当前学习内容所反映的事物的性质、规律达到较深刻的理解，这种理解在大脑中的长期存储形式就是认知结构。

2. 建构主义的主要学习观点

建构主义认为，学习是学习者在一定的社会背景下，通过他人的帮助，利用必要的学习资源，通过学生主动的意义建构的方式而获得，学生把旧的知识结构转化为新的知识结构。建构主义认为，学习者不是知识的被动接受者，而是知识的主动建构者，外界的信息通过学习者自己的主动建构才能变成自身的知识。建构主义学习的理论对学习者有三个方面的要求：第一，在学习过程中用探究的方法去建构知识的意义；第二，将新、旧知识联系起来，并对这种联系认真思考；第三，在学习过程中要与他人协作、交流，从而更有利于建构的形成。

建构主义还认为，教师应该转变角色，应从以教授知识为主变为以指导学生的学习为主，从传授者成为学生建构意义的指导者、促进者。教师的职责主要包括以下几个方面：激发学生兴趣，帮助学生形成持久的学习动机；通过创设符合教学内容要求的情景和提示新旧知识之间联系的线索，帮助学生建构当前所学知识的意义；组织协作学习，并对协作学习过程进行引导，以促进意义建构。

3. 建构主义学习理论的启示

建构主义学习理论对物理自主探究教学设计模式具有重要启示，其核心思路是：

①创设真实的或模拟真实的情景；

②提示新旧知识之间联系的线索，协助学生建构当前所学知识的意义；

③组织合作学习。

以上也是教师在进行物理自主探究模式教学时应尽到的职责。

（二）自主探究教学模式的目标

新物理课程目标所要求的教育目的是对各级各类学校教育的总的规定和要求，具有高度的概括性和抽象性。基础教育新课程对物理课程所要求的额教育目标是：培养学生的探究能力，提高学生的科学素养。

探究教学对培养和提高学生的科学素养具有重要的价值。通过探究，能够帮助学生掌握科学概念和技能，获得科学探究的能力和方法，加深对科学本质和价值的理解。简单地听人讲解和识记"科学方法"是不能真正理解和掌握它的。学生只有在真实的生活情景中、在实践的过程中，才能很好地感悟、领会和运用"科学的方法"。物理自主探究式教学模式设计的基本理念是：通过教师创设与问题有关的教学情景，学生在自主的、多样的探究活动中，运用已掌握的知识和技能，通过对现象的观察与研究，建立起对科学知识的理解，从而深化自身的科学知识，构建自己的物理知识体系。学生自主探究学习的过程，实际上是学生自己的想法、别人的观点以及通过观察获得的新知识之间直接互动的过程。经历这样的过程，学生不仅能很快地理解新的物理知识，构建自己的物理知识体系，还能通过认知的过程中各方面知识的冲突体会个人理解的局限性和科学理论的优越性。否则，岁月很快会冲刷掉学生心中的被科学的权威、教师的权威以及考试的权威硬塞的"科学"，留下的只有他们自己的"科学"。这与我们教学的初衷是背道而驰的。

总之，对物理教学来说，自主探究是一种与新课程理念相适应的教学方式。它的目的是使学生通过真正地融入科学当中，学习科学，感受科学，这样既能学到知识内容，又能掌握更深入地运用和探究那些知识所必需的思维方法，使探索知识的能力得以提高，同时形成正确地对待科学问题的态度。

二、演示型教学模式

传统的物理教学中的演示型教学模式通常指的是对物理实验的演示教学，随着现代科技的不断进步，计算机的普及，以计算机为核心的多媒体技术已经走进课堂。多媒体教学在物理教学的课堂中也得到越来越多的应用。现代的演示型物理教学模式不单单指物理实验的演示型教学，还包括以计算机为核心的多媒体教学，称为计算机辅助教学。

在课堂上使用的计算机辅助教学系统被称为课件或多媒体课件。根据课件的使用对象不同，多媒体课件可分为两类：供教师使用的是演示型课件，供学生使用的是导学型课件。在班级授课制的背景下，演示型课件在学科教学中更常用，是计算机辅助教学应用的主流。演示型教学模式能给教学带来活力和直观的感受，但是在具体操作的过程中也有很多不尽如人意的地方。。因此，演示型教学模式中对演示型多媒体课件的设计与应用的问题有很多是值得我们注意的。

（1）适度运用原则

演示型多媒体课件可以把语言、文字、声音、图形、动画、视频图像等多种媒体有机地集成一体，使得教学内容的表达方式较传统的教学方式有了很大的改变。但是，在传统教学理论根深蒂固的背景下，多媒体课件在课堂教学中的运用现状并不令人满意，甚至出现了课件满堂演示，课堂由原来的老师口头灌输变成了课件图片灌输，变成了新的形式的满堂灌。学生仍然处于被动接受知识的状态，学习主动性被抑制。教学内容除了增加了多彩的画面、优美的音乐，实质性的课程教授模式一点也没变，学生依然不能够主动地学习。

适度运用原则就是以优化教学过程为目的，以现代教育理论为指导，根据教学设计，适当运用多媒体教学课件，创设情境，使学生通过多个感觉器官来获取相关信息，提高教学信息传播效率，增强教学的生动性和创造性；帮助学生对当前学习内容所反映的事物的性质、规律以及该事物与其他事物之间的内在联系达到较深刻的理解。在教学过程中做到让学生多思考、多交流、多质疑，达到真正理解知识的目的。

以电子计算机为核心的多媒体技术在教学中应用的优势是毋庸置疑的，但演示型多媒体课件在物理学科教学中要适度运用，留出足够的时间和空间给学生理解、思考、合作交流、激发创新。

（2）适量信息原则

演示型多媒体课件教学的一大优势就是能在短短的时间内运用大量的多方面的知识进行讲解。但如果运用不当，这也会变成它的一个缺点。演示型多媒体教学课信息量太大的现象普遍存在。有一种看法是多媒体课的信息量就是要大，只有大信息量，才能体现多媒体的优势。多媒体演示型教学的信息量大应该体现在对一个知识点能拥有多媒体的手段从不同的侧面对它加以讲解，使学生能对这一知识点有深刻的认识，而不是体现在一堂课能灌输很多新的知识方面。否则会使学生对知识有囫囵吞枣之感，变成了另外一种形式的知识的灌输，反而增加了学生学习的负担。

信息量太大，首先是教师的教学机制受到制约，不能根据学生的课堂现场表现及时做出反应。只能回避学生的临时问题，师生交流受到限制，学生的学习主动性也被淹没。太大的信息量把课堂的时间和空间都挤满了，教师无暇顾及别的事情，只能往下点鼠标，使课件往下进行。这样严重制约了学生和教师之间的交流，有人甚至认为，太大量信息的课堂变成了教师与课件交流的课堂，变成了教师自说自话的课堂。在大信息量的制约下，有限的师生交流也仅限于一些简单的知识性问答，对质疑性问题、创新性问题无法正视。显然，太大信息量有悖于创新教育。

适度信息原则就是以优质的教学资源为主要手段，在学科教学过程中有效组织信息资源，提供适量的信息，在解决教学难点重点、扩大视野的同时，让学生在教师的指导下自主地对信息进行加工。

（3）有机结合原则

并不是所有的物理课程都都适合用多媒体演示课件的。教学媒体的采用也要根据教学内容及教学目标来选择。不同教学媒体有机结合、优势互补，才能达到不同的教学目标的要求。根据教学内容及教学目标，选用恰当的表现媒体和方式，才能收到事半功倍的教学效果。例如，物理的公式推导，用多媒体课件教学就不会比教师与学生一边推导一边板书好；有些物理实验教学用多媒体课件就不会比演示实验更直观更有说服力。理论问题、微观世界的活动、宏观世界的变化等，采用多媒体课件则有其明显的优势。

各种教学媒体和教学方法各有特点，有机结合，课堂教学就生动活泼，事半功倍。教师以富有情感的启发式语言向学生传授知识，以表情、姿态、板书、演示、实物等对教学效果产生影响，能适应学生变化，督促学生学习，言传身教；多媒体课件以丰富的视听信息、高科技表现手段，加上虚拟现实技术和图形、图像、三维动画使教学内容化繁为简，化宏观为微观，化微观为宏观，形象生动；创设情境，使学习理论中情境学习、问题辅助学习、激发兴趣和协作学习等在教学中得以体现；使学生变被动学习为主动学习，变个体独立学习为群体合作学习，变复制性学习为创造性学习。因此，在演示型教学模式中，教师要结合多媒体和传统教学模式的优点，根据不同的教学目的，在二者之间取长补短。

三、分层教学模式

（一）分层教学的理论基础

"因材施教""量体裁衣"等是最古老的关于分层教学的理论依据。著名心理学家、教育家布卢姆提出的"掌握学习理论"，也是分层教学模式的理论之一。他主张"给学生足够的学习时间，同时使他们获得科学的学习方法，通过他们自己的努力，应该都可以掌握学习内容""不同的学生需要用不同的方法去教，不同的学生对不同的教学内容能持久地保持注意力"。为了实现这个目标，就应该采取分层教学的方法。苏联著名教育家巴班斯基提出了"教学最优化理论"，该理论的核心内容是教学过程的最优化，认为在教学的过程中要选择一种能使教师和学生在花费最少的必要时间和精力的情况下获得最好的教学效果和教学方案并加以实施。苏联著名教育家苏霍姆林斯基提出的"人的全面和谐发展"思想，认为教学的关键所在就是实现人的全面和谐发展。要实现这一目标要遵循一定的教学步骤，具体步骤如下：多方面教育相互配合；个性发展与社会需要相适应；让学生有可以支配的时间；尊重儿童、尊重自我教育。

（二）分层次教学法的优点和弊端

（1）有利于所有学生的提高

分层教学法是充分尊重学生个体之间知识结构的差异这一事实。在教学的过程中面对同样的知识，有的学生接受理解得快，有的学生基础较薄弱，相对来说就会理解得慢。分层教学法的实施，避免了接受理解知识快的学生在课堂上完成作业后无所事事，同时也避免了接受理解知识慢的学生跟不上教学节奏，这样学生都能够体验到学有所成，并增强了学习信心。

（2）有利于课堂效率的提高

分层教学要求教师事先针对各层次学生设计不同的教学目标与练习，使得处于不同层次的学生都能达成一定的目标，获得成功的喜悦。这极大地优化了教师与学生的关系，从而提高师生合作、交流的效率。分层教学要求教师在备课时事先充分估计在各层中可能出现的问题，并做好充分的准备，使得实际施教更有的放矢、目标明确、针对性强，这样不但增加了课堂的信息容量，而且提高了教学效率和教学质量。

（3）有利于教师全面能力的提升

分层教学对教师提出了更高的要求。教师要对知识有充分的理解和把握，并且有足够的教学经验能预测在教学过程中出现的问题。不仅如此，教师还应对学生有充分的了解，对学生已有的知识水平的了解和对每个学生个性的了解，能根据不同的学生制订合适的学习目标和学习方式；这样不仅能有效地组织好对各层学生的教学，灵活地安排不同的层次策略，还极大地锻炼了教师的组织调控与随机应变能力。分层教学本身引出的思考和学生在分层教学中提出来的挑战都有利于教师能力的全面提升。

分层教学的实质就是根据学生所特有的知识结构和个性把学生分层，制订不同的教学计划，实施不同的教学方法，以达到教学目的。在这一过程中对学生的分层如果处理不当就会打击基础较薄弱的学生的学习热情，伤害他们的自尊心。因此，分层教学要特别注重在教学过程中对学生实施分层时的处理方式。

（三）分层教学法的环节

（1）对学生编组

对学生编组是实施分层教学的基础，为了加强教学的针对性，根据学生的知识基础、思维水平及心理因素，在调查分析的基础上将学生分成不同的组。对学生分组不是固定的，而是随着学习情况进行及时调整。

（2）分层备课

分层备课是实施分层教学的一个重要前提。教师不但要对物理课程标准要求的教学标准理解透，还要对物理知识吃透，对学生有充分的了解，这样才能制订不同的教学计划，准备合理的课程。其中，要特别关注如何解决困难学生的困难和特长学生潜能的发展。

（3）分层授课

分层授课是实施分层教学的中心环节。教师要根据学生层次的划分把握好授课的起点，处理好知识的衔接过程，减少教学的坡度；教学过程要遵循"学生为主体，教师为主导，训练为主线，能力为目标"的教学宗旨，让所有学生都能学习、都会学习，保证分层教学目标的落实。

四、探究式教学模式

（一）探究式教学模式的理论基础

杜威最早提出在教学中使用探究方法。他认为，科学教育不仅仅是要让学生学习大量的已有的知识，更重要的是要学习科学研究的过程与方法。探究性学习追求一种积极的学习过程。从20世纪50年代以来，探究作为一种教学方法的合理性越来越受到教育学者的重视。教育家施瓦布指出，"如果要学生学习科学的方法，那么有什么学习比通过积极地投入到探究的过程中去更好呢？"施瓦布的这一观点对探究性学习在教学中的应用产生了深远的影响。他认为教师应该用探究的方式展现科学知识，学生应该用探究的方式学习科学内容。

20世纪50年代末，发现法由美国著名的认知心理学家和教学改革家布鲁纳创立，使之在美国流行，并取得了很大的成就。他认为"发现法就是学生依靠自身的力量去学习的方法，通常称作发现学习，并无高深玄妙之意"。与以前的教育学者不同的是，布鲁纳更注意探究式教学法的理论依据的研究，使探究式教学具有科学的基础。

施瓦布、杜威等人的研究，包括布鲁纳和皮亚杰在20世纪50年代和60年代的研究，影响了20世纪后半叶的教学材料。这些教学材料的一个共同点是使学生参与到知识的情境中去，而不仅仅是被动地听讲或只是阅读有关科学的材料。它对学习科学的过程比掌握科学知识给予了更多的重视。

（二）探究式教学法的含义和特点

探究的真正含义是什么？"探究是多层面的活动，包括观察；提出问题；通过浏览书籍和其他信息资源，发现什么是已经知道的结论，制订调查研究计划；根据实验证据对已有的结论做出评价；用工具收集、分析、解释数据；提出解答、解释和预测；以及交流结果。探究要求确定假设，进行批判的和逻辑的思考，并且考虑其他可以替代的解释。"以上是美国科学教育表现给探究下的定义。"探究性学习指的是仿照科学研究的过程来学习科学内容，从而在掌握科学内容的同时体验、理解和应用科学研究方法，掌握科研能力的一种学习方式。"这是我国上海市教育科学研究院智力开发研究所的陆王景学者的观点。

探索式教学法又称发现法、研究法，是指学生在学习概念和原理时，教师只是给他们一些事例和问题，让学生自己通过阅读、观察、实验、思考、讨论、听讲等途径去独立探究，自行发现并掌握相应的原理和结论的一种方法。它的主要内容是在教师的指导下，以学生为主体，让学生自觉地、主动地探索，掌握认识和解决问题的方法和步骤，研究客观事物的属性，发现事物发展的起因和事物内部的联系，从中找出规律，形成自己的概念。探究式教学强调在学习过程中学生的主体地位和学生自主学习的能力。学生需要在学习中自己思考怎么做，以及做什么，而不是被动地接受书本上或者是教师提供的已有的结论。毫无疑问，学生对通过这样的途径获得的知识会理解得更透彻、掌握得更牢固，并且能学习到获得知识的方法。

五、信息时代物理教学模式的特点

现代科技的进步推动物理教学模式出现新的形式。信息化教学模式是根据现代化教学环境中信息的传递方式和学生对知识信息加工的心理过程，充分利用现代教育技术的支持，调动尽可能多的教学媒体、信息资源，构建一个良好的学习环境，在教师的组织和指导下，充分发挥学生的主动性、积极性、创造性，使学生能够真正成为知识信息的主动建构者，达到良好的教学效果。信息化教学模式的特点有以下几种：

①以学生为中心，教师充当引导者的身份；

②在情境、协作、会话的学习环境中学习；

③能充分发挥学生的积极主动性。

传统的计算机辅助教学模式主要强调个别化教学，从传统的以教师为中心转换为以教为中心，因为教师的直接教学任务被机器所替代了。到了 20 世纪 80 年代以后，由于建构主义学习理论在教育技术中的应用和多媒体技术的发展，国际上信息化教学模式的研究强调以学为中心。20 世纪 90 年代以后，随着网上教育的兴起，出现了以合作学习为中心的多种虚拟学习环境，增加了多媒体教学，而虚拟教室的出现则大大扩展了其概念，还有许多综合了不同信息化教学模式的集成化教育系统。

第四节　物理教学模式的设计

一、新课标下的物理教学要求

（一）教师改变教学思维，提高自身素养，提高教学实效性

教师的教学思维在整个教学过程中起着重要的作用，因为这会影响学生未来接受知识的能力。如果教师的教学思维过于落后，那么学生对知识的了解也会处于比较陈旧落后的状态。因此，当今的物理教师应该深刻领悟新课改教学思想，重新正确认识高中物理课程，积极参与课后培训，提高自身的专业水平，将原有的知识涵养加以更新，明确教学目标。此外，还要对教学进行经常性的反思，这样有助于提升自身的专业素质。

因材施教，提高学生的学习积极性，提高教学质量。初中和高中对物理知识的学习侧重点不一样，初中物理注重理论知识的学习，而高中物理则更注重学生的实践操作水平和解决问题的水平。每个学生对知识的接受能力不一样，知识的基础也不一样，物理基础参差不齐，所以要求老师根据不同的学生制订不同的教学方案，要因材施教。但有的教师还是沿袭了以往的旧观念，只注重成绩优秀的学生，而一些基础较为薄弱的学生就被忽略了，这部分学生被忽略以后就会产生自我放弃的心理，更谈不上提高物理成绩了。

因此，教师应该充分掌握每个学生的个体差异，认真分析学生的学习情况，细化教学目标，将学生分成不同的层次，让每名学生都能充分享受到教学资源。教师可以针对成绩较好的学生，多给他们辅导一些提高性的知识，而一些基础薄弱的学生，教师可以着重针对基础性知识来加以辅导。这样全班的平均成绩就能有所上升，这就是因材施教的意义。

（二）加强物理实验，激发学生学习的积极性

物理实验教学在物理教学中具有重要的意义。物理实验更是实现实践教学的重要体现，学生能更好地消化理解。教材上的抽象内容只有通过物理实验才能得以实现，教材中的知识点也只有通过实验才能直观准确地表达出来。

不仅如此，物理教学探究的方法都是通过物理实验得以呈现的。学生的思维潜质

有时候能通过一堂丰富的实验课受到激发，在具体的实验操作过程中，学生的创新思维也能在其中加以运用。让学生能够在实验过程中发现问题，并可以用自身的能力去解决问题，在解决问题的过程中加以知识的运用，学生的观察能力和学习能力得到了有效的提高和培养，还调动了学生学习物理的积极性。在有趣的实验中，物理教学的有效性得以完全发挥。因此可以说，物理的学习不仅仅是物理理论知识的学习，更是物理实践的学习。

综上所述，随着素质教学的不断推行，物理教师在当今严峻的教学环境下更要用全新的态度面对物理教学，有效地整合资源，从根本上改变教学思想，调动学生学习的积极性，对不同情况的学生要因材施教等，从而培养具备基本科学素养的新型人才。

二、物理教学模式设计的原则

（一）什么是物理教学模式

美国的乔伊斯（B.Joyce）和韦尔（M.Weil）最先将"模式"一词引入教育领域，并加以研究。乔伊斯和韦尔在《教学模式》一书中认为："一种教学模式就是一种学习环境，包括使用这种模式时教师的行为。这种模式有多种用途，从安排上课、创设课程到设计包括多媒体程序在内的教学资料。"而国内学者对模式的定义是各种各样的，目前还没有统一的标准。"教学模式是在一定的教育目标及教学理论的指导下，依据学生的身心发展特点，对教学目标、教学内容、教学结构、教学手段方法、教学评价等因素进行简约概括而形成的相对稳定的指导教学实践的教学行为系统。"这是本书采用的关于教学模式的定义。

（二）构建物理教学模式要遵循的原则和步骤

物理学科作为科学课程的重要组成部分，对培养学生的创新能力、探索精神、科学态度和思想方法有着不可替代的作用。好的物理课堂教学模式更能促进这些作用的发挥。

1.合理确定模式培养目标

不同的培养目的需要有不同的教学模式加以配合。培养目标是一种教学模式的核心。培养目标不是凭空产生的，模式的构建者应仔细研读我国《新课程标准（物理）》，并在此基础上明确物理课程的总体目标和具体的三维目标，再根据学生的特点制订相应的培养目标。在能很好地体现物理课程标准的总目标和三维目标之下，制定出适合特点目标需要的教学模式。

2. 明确模式的理论基础

教学模式是建立在科学合理的理论基础之上的，它是教育理论指导的一种教学行为。理论基础是否科学、合理、恰当，是决定该教学模式能否成功的前提。关于教育学和心理学理论通常用的有建构主义学习理论、人本主义学习理论、自然经验主义、发现学习理论、合作学习理论、最近发展区理论、多元智力理论等，对于一些涉及"先学后教""探究讨论""小组合作"等内容的教学模式一般都会以上述理论中的几个作为理论基础。如果在模式中有一些特殊的元素，如"探微"课堂教学模式，则还要涉及学习记忆的相关理论，如记忆曲线。微课教学可以在学生记忆曲线下行时给予学生及时的回忆和重现，帮助学生巩固所学。另外，微课的可重复性对理解较慢的学生来说也是一种帮助，符合因材施教的原则。这与多元智力理论中承认人在智力方面存在先天差异的理论相吻合。这些理论都可以作为"探微"课堂教学模式的理论基础。

3. 精心设计操作流程

教学模式区别于传统教学的一个特征是有规定好的操作流程。设计操作流程时，应注意以下几个方面：

（1）以培养目标为导向。如对于将"自主学习能力"列为培养目标的教学模式，学生的"先学"应是操作程序的必要环节，涉及"探究"的教学模式，学生的问题意识不可忽略，那么"思考、讨论、提出并整理归纳问题"就是必要环节。模式的设计者应该根据具体的培养目标将这些必要环节一一列出，之后再进行有机的组合。

（2）符合学生实际情况。中学生的认知水平根据不同地区、不同学校、不同性别都是有差异的。在设计操作程序时，要充分考虑到自己所教学生的实际情况，不能过于简单或过于繁难，要使学生感到有一定的挑战。只有难度适中的活动，学生参与的动机和兴趣才是最大的，效果才会是最好的。

（3）符合实际的教学条件。操作流程要具有可操作性，主客观条件就必须要有所保障。例如"探微"课堂教学模式中"微课"辅导环节，要求学生在家能够看微课视频，那么必要的硬件设备学生就必须具备。如果是城市的学校一般问题不大，但要是一些条件比较艰苦的农村中学可能就比较困难了，这一环节就是不恰当的。再如小组合作学习，如果是超大班额的自然班，小组个数必然很多，这种情况下如果还要充分地展示交流就不太可能了。

第五节 物理教学模式的发展

一、国内外物理教学模式下的研究动态

（一）我国教学模式的发展

教学模式是指在一定的教学思想或教学理论指导下建立起来的较为稳定的教学活动结构框架和活动程序，是开展教学活动的一套方法体系。从另一个方面看，教学模式是一种规定好的教学程序，是教学流程的事先安排。美国对教学模式的研究早在20世纪之初就已经开始，其中影响较大的是美国教育研究者乔伊斯、韦尔于1972年出版的《教学模式》一书。我国教学模式的研究起步较晚，近年来随着中小学课程改革实验的发展和国外教学模式理论的引进，一些介绍和研究教学模式的译著、专著、论文陆续出版和发表，教学模式成为研究的主要课题，受到广泛关注。从培养学生的探究能力入手，在我国逐步形成了相适应的三种基本教学模式：第一种是"传递—接受式"，第二种是"自学—辅导式"，第三种是"引导—发现式"。

首先将物理知识描写为"感知—理解—记忆"的过程，理解是核心；其次认为物理教学是学生在教师指导下感知、理解知识，获得知识与技能；最后把能力的形成简单地理解为知识的理解、记忆或通过练习而实现的有效迁移。这种模式的主要功能在于激发、促进、锻炼、提高学生的思想能力，充分调动他们的学习积极性。有利于学生自学能力和习惯的培养，有利于适应学生的个别差异。其基本程序为：问题—假设—验证—总结提高。这种模式主要功能在于使学习者学会如何学习。如怎样发现问题，怎样加工信息，对提出的假设如何验证，因而有利于培养学生的探究能力。

以上教学模式各具特点，都代表着当时环境下对教育研究的方向，在培养学生学习能力中起到了重要作用。尤其在后两种教学模式中，把学生看作能动的主体，这一点是与新世纪的教育观念相吻合的。尽管这些模式各有优点，但唯一的缺憾就是对学生主体性认识得还不够。

（二）物理教学模式的研究现状

1.计算机给物理教学带来的影响

信息的革命给物理教学模式也带来了冲击和改革。计算机用于教学是因为计算机

辅助教学的观念与实践对教学起到了一定的促进作用，但是在计算机辅助教学的推广中也出现了一些偏差和问题。近年来，有相当数量的学校在现代教学设施的配置上有了巨大的改观，有的学校每个教室都配置了计算机和大屏幕显示屏，但从绝大多数学科教学来看，计算机的应用仍停留在辅助教学的层面上。很多教师虽然目前都采用课件教学，但只是把课件作为一个简单的工具而已，更有甚者很多教师一个课件可以讲很多年的课，在教学的过程中还是以讲授型为主，演播式的多媒体只是把不形象的形象化，让不生动的生动起来，只是让教学过程更加具体化、细致化和人性化。这种教学方式不仅没有很好地利用多媒体的便利性，反而走进了多媒体教学的误区，变成了另一种形式的灌输式教育。

2. 信息技术环境下的物理教学对传统教学带来的变革

当今社会，技术的能动作用表现得日益突出。现代信息技术对传统教育带来的冲击主要表现在如下几个方面：

（1）现代信息技术应用于教育领域，对"读、写、算"传统教育的"三大基石"产生冲击。从中学物理教学来看，信息技术环境下的中学物理教学模式将克服传统教学中的"忽略学习者之间的差异性"和"忽略学生已有的认知能力"等弊端，可让学生根据自己的基础和特征自主构建自己能学懂的内容和层次。

（2）以网络和多媒体为核心的现代信息技术运用于中学物理教学，使教育和教学的形式、手段、方法、环境都得到更新，不仅提高了学生的学习效果和学习效率，也改变了学生的学习方式，大大提高了学生的学习兴趣和学习的主动性，扩展了学生的思维空间和灵活运用知识的能力。这些都是传统教学难以达到的。

传统的教育已经不能适应信息技术时代的教学，中学物理教学要取得更大的进步，就必须建立信息技术支持下的新型的物理教学模式。

（三）物理教学模式研究的基本原则

1. 应用心理学理论、教学理论为指导的原则

教学模式是指在一定的教学思想或教学理论指导下建立起来的较为稳定的教学活动结构框架和活动程序，是开展教学活动的一套方法体系。许多教育家和心理学家已经提出了很多先进的观点：以桑代克和斯金纳为代表的行为主义学习理论；加涅的学习与记忆的信息加工理论；20世纪80—90年代兴起的建构主义学习理论等。这些理论对于基于现代信息环境下的物理教学模式的研究也具有很重要的指导意义。

2. "学教并重"原则

"以学为主"和"以教为主"是目前最流行的两大教学设计理论，由于这两种教学理论均有优势和不足，因此，最理想的方法是将二者结合起来，互相取长补短，形

成优势互补的"学教并重"的教学理论。信息技术环境下的课堂教学模式不仅要发挥教师的主导作用，而且要充分体现学生学习的主体作用，充分挖掘学生学习的潜力和主观能动性。

3. 与实际生活和教学条件相结合的原则

物理学是自然的科学，在教学的过程中要注意教学情境的创建。现代信息技术具有图、文、声、动画、视频等多种媒体信息的综合处理能力，能将多媒体信息有机融为一体，实现有声、可视、形象的表达效果，能创建丰富的物理情境。例如，在"人造卫星与宇宙速度"教学中，可再现阿波罗登月、"和平号"空间站、航天飞机、在火星表面着陆的"探险者"号探测器；在"物体的颜色"教学中，可以呈现雨过天晴后彩虹的形成过程。从而使学生了解物理知识与生活的关系，明白物理知识对科技发展所起的巨大推动作用乃至对整个人类社会的发展所做出的巨大贡献。

第六章　物理教学模式创新

第一节　慕课、翻转课堂、微课的教学创新

一、慕课

（一）慕课的定义

"慕课"（MOOC）顾名思义是一种开放式的网络课程，相比传统课程来说，可以针对上百个甚至更多的学生进行课程教学，而在传统的课程当中只能够针对几十个学生进行教学，但是一门慕课课程可以动辄针对上万人，国外最高一次记录是同时有16万人上课；第二个字符"O"是Open（开放）的缩写，指的是无论你是谁，不分国籍，不分地域，只要你有兴趣，都可以参与进来，只需通过非常简单的步骤，就可注册参与该课程，主要体现以兴趣为导向的开放性；第三个字母"O"是Online（在线）的缩写，意思是可以在网上完成学习，无须长途跋涉，也没有时间和空间的限制。

慕课的形成基础是基于网络开展的，其颠覆了传统课程教学模式当中的局限性，使得学习方式和教学方式更加开放，与丰富的网络资源相融合的课程学习模式，是近几年迅猛发展的一种基于网络的在线课程教学模式。简单来讲，MOOC就是可以实现大规模的网络教学课程，在网络教学平台上，人们普遍具有分享协作的精神，对于分散在不同局域网络的人们，可以集中在一个共同的教学平台上开展开放式学习，这种课程的目的是加快知识的传播，提升学习者的整体学习效率。

大规模在线课程教育犹如一场风暴突然掀起，被比肩于四大发明的印刷术带来的教育变革，人们把它视为"未来教育"的曙光。众多专门供应MOOC的服务商相互竞争，群雄逐鹿，最终形成Coursera、edX和Udacity三大巨头。

（二）特点

1. 规模大

不同于个人发布的少数一两门课程，"大规模网络开放课程"（MOOC）不单单由某个人或组织发布，也可以由众多的参与者发布，就是说只有这些课程规模足够大，它才是典型的 MOOC。

2. 课程完全开放

遵守创用共享（CC）协议。封闭的网络课程即便很优秀，也没有办法叫作慕课。

3. 网络在线课程

这种课程教学模式，一般是不需要面对面的，其完全打破了时间和空间的限制，不管学习者身处哪个地方，只要基于互联网技术，都可以花最少的钱甚至在免费情况下接受全球一流大学的优质课程的教育；学习者需要做的仅仅是准备好连接好网络的一台电脑。

（三）"慕课"的发展趋势

1. 慕课的规模将进一步扩大

慕课的特性使其规模比传统课堂更具有收缩性。以后 MOOC 规模将实现更大一步的扩大，而且与之相匹配的供应商数量也会持续增加。当前已经有许多网络在线教育服务平台，甚至还有一些教育机构正在与这些教育服务平台进行竭力合作，它们的教学模式基本上都属于慕课类型。

2. 新型慕课将走向独立

慕课的早期形式其实是传统课堂的升级，是用现代技术来武装传统的课堂教学，并把课程搬运到网络上。与传统课堂相似，教师的个人魅力是吸引学生去学习的关键，加入新型时髦的教学方法，更具有吸引力。而随着世界各国高等教育率先采用先进的网络技术进行教育教学，教育者发现了一片新天地，重新认识人在慕课中的作用（而不仅仅强调技术在慕课中的作用），从而将慕课的发展推向了新的高度。上述各大慕课厂商所提供的慕课资源，大多都是以传统的方式进行的，即以教师在课堂进行教学为主，只是利用更先进现代的技术手段重新表现出来。随着时代的进步，传统的慕课已经跟不上时代的发展，新的慕课方式应运而生。

新的"慕课"倡导了"关联"的教学思想。慕课分为两类，分别命名为"传统慕课"及"关联慕课"。与传统的慕课相比，所谓的关联慕课，是一种与传统的教学特点和结构相区别的关联式教学方法。其主张聚合，确保学习者可以通过通信及线上网页随时获取课程内容；关联慕课强调重新组合，鼓励各班级成员共享学习资源；关联慕课需要对不同的学习资源进行再分配、重组，以适应学生的个性化需要；积极地传播，分享重新定位、重组的学习资源，并且立刻把这些信息传达给全球范围内的人们。有研究表明，关联慕课对合作对话与知识建构有莫大帮助作用。

从上面的分析可以看出，关联慕课在慢慢发展成熟，并努力吸收传统学习方法的优点，力争与大学教育进行融合，发挥更大作用。由此不难看出，不远的将来，传统的慕课在今后的教学中起着越来越重要的作用，并逐步被边缘化。

3.教师教育理念与方法将产生巨变

课程改革会使教师发生变化，慕课也会发生变化，因为互联网技术改变了我们的教学方式。之前，因为网上的课程的发散性传播的特点，其能吸引大量的网络参与者，同时也能让更多的人受益，所以教师们才会在网上分享他们的课程。现在发展到慕课时代，教师已不再是课程的唯一建设者，而是慕课课程组的一名成员，为了制作出一期合格的慕课课程，少不了与网络技术员、视觉处理专家、传媒推广人员等一起合作才能达到目的，这时候的课堂是一种协作的结果。在实际的课堂教学中，教师和学生之间的平等关系得到了提高。

通过对课堂视频的回顾，让教师不再像过去那样仅仅依靠测验、考试或论文答辩等方式来考查学生，也能在回放中仔细观察学生当时的学习情况。同样，一直以来，在传统的课堂教学中，教师的教学效果如何，只有学生能够感受到。但出现慕课之后，情况就不一样了，因为所有的课程都是在网上进行的，大家都能看到，也能做出自己的判断。这样，教师才能更加清晰地了解自己，知道自己的的短板在哪里。也就是说，教师也可以站在学生的视角审视自身、反思自身，提高教学效果。这对于提升教师的能力也有一定的正面影响。

那么，新的问题又来了，许多教师必须面临这种情况：学生可以在任何时候和网上的名师打造网络课程，那么学生还有什么必要去选修相同主题的传统课程呢？在传统的教室里学习同样的课程又如何？为了解决这一问题，国外几所高校的教授都在努力改变自己的教学方式，来适应这种新的情况，他们鼓励学生先上网络课，而不是在现实中单独上课，在教室里进行讨论，布置项目并完成答辩。这种变革是成功的，这种方法颇受学生欢迎，且更有效。这种方式有利于学生理解所学内容与把握主题，学生的问题分析思维和问题解决思维能力都得到了提升，思维能力也得到了锻炼。这正是高等教育的首要目的。

4.学生的学习方法将大为改观

慕课的出现颠覆了学生传统的学习模式，必然对学生怎样学习、如何高效地学和有效巩固学习有很大的影响。在传统的教室里，学生不能在学习过程中选择教师，而是要听教师讲课，而在慕课时代，学生可以对网上各种优质的网络课程资源进行选择。

这种改变也体现在学习过程的维度上，在传统课堂上，学生一旦选修这门课就必须从头跟到尾，但慕课的学习者可以省略那些已经很熟悉的东西，集中注意力去应付那些无法理解的或者还没有学会的东西。另外，现在许多网上课程都能为学生提供一些小知识以及安排一些学习任务，也可以收集学生的问题，进行归纳和整理。

慕课的兴起使教育界意识到信息技术和网络在教育中的重要作用。学习者选择课程变得更加快捷便利，课程也将会更加依赖技术，基于网络的学习方法也将呈现多种多样之势。比如已经出现的"翻转课堂"的教学模式，就是学校将在线学习与离线学习结合起来的一种模式。这种教学模式要求学生在课后可以在任何时间、任何地点观看网上视频，并预先学习相关的基本知识。课堂则不像以往那样，教师主讲知识点，而是解决在线上与线下时所遇到的困难，进而强化提升学生的知识系统，以师生互动为主，即"离场反转"。其事实上是继承了传统课堂的长处和现代慕课的优势，但是在某些方面，其比单纯的传统教学要好得多。

5. 网络技术将推动教育的巨大变革

互联网技术在教学中的作用不会止步于现在所看见的，其将会以意想不到的速度发展，甚至会颠覆整个教育的观念。慕课不仅使课程发生了改变，而且也给学生带来了新的挑战——这种模式打破了人们对教师教学和学生成绩评估的固有印象。

利用数据驱动的教育方法取代了传统教育模式，这种变化会带来教育的根本性变革。

慕课的发展改变了人们对教科书的传统教学理解。随着慕课的发展，现有教科书可能被现代网络技术所取代。毫无疑问，在传统的学习方式中，课本是最重要的，它的功能是帮助学生学习新的知识。慕课还具有保鲜知识的功能。引入慕课学习模式后，先进的网络技术能够以一种全新方式激发学生学习的兴趣，就像课本上的知识，它以一种艺术的形式，甚至炫酷的动漫特效，带给学习者的愉悦感和直观体验已经远远不是传统教科书所能企及。所以，对于很多教育工作者说，慕课所提供的录像和辅助资料十分丰富，这是一种新的教材形式。

6. 现行教育体制将深受冲击

慕课对教育界的冲击越来越大，尤其是作为人口和高等教育在校生人数第一大国的我国，影响将会是革命性的。

首先，有越来越多的高校都在搞网络精品课程，加入慕课队伍的课程数量在爆发式增长，这一潮流已经席卷整个世界，也波及我国。其次，慕课改革将深刻地影响到高校的教育生态，同时也对大学教育管理工作提出了挑战。面对慕课给传统的教学方式和管理方式带来的巨大变革，以及新形势下大学应如何处理这些问题，是教育一线的教师和教学管理者所必须思考和解决的问题。最后，慕课的出现对现行教育运行体制的冲击力巨大，甚至可以称得上是高等教育的颠覆性变革。例如，传统高校的运作模式主要是以单个或分类的方式进行，导致单个或者分类的收费，如教科书、课程设计、教学、评估、学分、学位等。

二、翻转课堂

（一）翻转课堂是什么

翻转课堂是提高师生间相互交流和个人互动的一种方式；是一个可以让学生自己去学习的地方，教师就像是"教练"一样，而不是"圣人"；是将直接解释和建构主义相结合的方法。翻转课堂的内容可以永久保存，供学生复习或补充，全班学生都能积极地学习，每个学生都能接受个性化的教育。

（二）翻转课堂的特点

"翻转课堂"教学模式需要大规模借助计算机及网络通信来支撑，而近十多年，计算机及网络变得越加成熟，费用越来越低廉，加之信息技术在教育领域的迅猛推广，为翻转课堂提供了物质基础，一些想法和理念也变得可行了。学生不再需要依赖某个教师的课堂授课，可以通过互联网检索到优质的教育资源。而课堂和教师的角色变得不同以前了。教师更应该思考的是通过对学生在学习过程中遇到的问题的分析，指导他们解决问题，提高他们的知识应用能力。

视频教学是很多年前才开始的，并且得到了广泛的应用。这一观点在 20 世纪 50 年代被世界各国引进了广播电视教育当中。"翻转课堂"为何会引起那么多人的注意，而那时的研究却并未对传统的教学方式产生太大的影响呢？这是由于"翻转课堂"使视频教学内涵得以拓展，具有以下几个鲜明的特点：

1.教学视频更简明扼要

所有的教学视频，都必须做到简洁。大多数都是短短的几分钟，稍微长一些的，也不过十多分钟而已。每一段视频都有一个具体的主题，有很好的针对性，根据知识点进行检索，既准确又方便。视频的长度一般较短，根据学生身心发展特征，长度控制在学生注意力非常集中的一段时间内；网络上的视频能够自行引导，并具备较好的播放、暂停、回放等功能，有利于学生自主学习。

2.教学信息清楚明确

这是指视频中不会出现教师整个身影，能够见到的是他写字的手，在陆续地画出一连串的数学符号，伴随着配合书写同步讲解的声音，充满整个电脑屏幕。这样的话，就不会让人觉得像是在台上演讲，而是一种温暖的感觉，就好像大家围着一张桌子，在一张纸上写下了自己的知识。这是"翻转课堂"与普通教学录像的区别。这种理念非常有效，因为视频中出现的无关物品，如背景里摆设的各种物品，甚至教师的身影都对学生的注意力的集中有很大的影响，尤其是学生在自主学习的时候缺乏监控这种情形下，更容易心不在焉。

3. 重新建构学习流程

在传统的教学中，学生的学习被分成了三个阶段。第一个阶段是"信息传递"，即教师向学生传授知识。第二个阶段是"互动学习"，即学生间的相互影响，一般是在教室里进行，以增进他们的学习。第三个阶段是"吸收与内化"。在这个阶段没有教师参与，一般都是在业余时间里由学生自己来做。在"吸收内化"阶段，没有教师的参与和同学提供的帮助，很多时候，学生会觉得很困难，没有动力，也没有成就感。

"翻转课堂"使学生的学习过程得以重新组织。学生在现实课堂前完成"信息传递"阶段。在该阶段，教师单单提供视频给学生学习，同时能够在线上辅导学生；而"吸收内化"阶段改在现实课堂中完成。由于学生有了一定的基础，教师能快速地找到学生在学习过程中所遇到的问题，并给出相应的回答。同时，学生之间互相讨论也对学生知识的吸收和内化有着巨大帮助作用。

4. 复习检测方便快捷

在视频同页面上设置几个小问题，用于学生在看完教学视频之后，帮助其检查是否理解了视频的内容。通过这种即时性质的检测，学生能大概知道自己的情况。如有问题不能解答，则可由学生自行决定，学生可以退回到相应知识点再学习一遍，这样带着问题去学习是非常有效的。同时，学生的在线作业也能实时上传到云端或后台，既方便教师进行处理，也能更好地掌握学生的作业完成情况。还有一些教学视频的优点，在一门较长课程的学习后，学生往往会忘了所学的东西，但是翻转课堂视频让后面的复习和记忆变得更为简单。评价方式的改变和科技的发展，使得学生可以获得支持独立学习的资料，对于教师了解学生起到事半功倍的作用。

（三）翻转课堂的步骤

1. 创建教学视频

首先，要清楚教学目的、学生的基本要求，确定视频需要讲到哪些内容和重点；接着查找相关视频或重新制作视频文件，录像档案要考虑到各个班学生的专业背景以及视频的制作流程，在具体制作视频时应该尽可能兼顾大多数同学的想法，这样的视频课程更能与学生的学习方法和习惯相适应。

2. 组织课堂活动

因为网上学习者已从课程视频中了解到有关课程的内容，那么在现实课堂中应该做什么呢？翻转课堂成功与否在这一步非常关键，否则会回到传统视频课堂老路，在教室里，教师会组织高品质的教学活动，以巩固所学，让学生继续进行下一步的学习，让学生通过参与具体活动的方式来应用和激活其所学知识。这些活动形式不限，如学生自己搭建内容；探索性活动；独立解决问题；利用项目驱动练习，等等。

（四）翻转课堂的优点

1. "翻转"让学生自己掌控学习

在翻转式的课堂上，学生可以利用教学视频，从而达到简化学习的目的。学生无须像在传统的课堂上那样，很紧张地听着教师的讲课，害怕自己会漏掉什么，失去方向感，或是不能清晰地听到，无法跟上上课的速度等。相反，学生在任意空闲时间和地点，如寝室或家里学习线上的视频课程时，可以在更加自在和轻松的环境中进行；视频的节奏和快慢都由学生自己掌握，对已经掌握的知识可以直接跳过去，对复杂难懂的地方可以倒退回去学习多遍，甚至任何时候都可以暂时停顿，进行深入思考或写笔记，学生也可以在任何时候记录并请求教师或者同学的帮助，利用内置的或者第三方的聊天工具。

2. "翻转"增加了学习中的互动

翻转课堂最大的优点就是鼓励学生进行全方位的互动，这个互动主要体现在学生与学生以及教师与学生的互动行为。

从教学内容到教学指导，教师要花费大量的时间和学生进行交流、解答和帮助，组织学习小组，参与师生互动，对学生进行教学。甚至当教师检查学生的作业时，有些同学也会遇到同样的问题，所以教师会把他们召集起来，组建一个指导小组，在必要时可以为有着同样疑问的学生另外开办小型教学讲座。这种授课方式最大的优点在于教师首先为学生提供辅导和协助，当学生有问题时，他们可以马上求助。

教师在教学中起着引导作用，而非内容提供者的作用，这就给了学生学习与交流的机会。在实际教学中，教师会注意到，学生在自己组织的协作学习团队中很积极，同学们可以互相学习、互相促进，教师从唯一的知识传播者的角色中解脱出来。这种教学方法的确有神奇作用，学生主动合作学习探讨的方式会让教师充满信心。

当学生发现教师对他们的教学方法持尊重的态度时，他们往往会做出反应。他们会慢慢意识到教师在课堂上不是来下达指令的，而是对他们的学习进行引导的。教师的目的不再是让学生机械地接受知识，而是使学生成为自主的学习者，能更好地地掌握课程的内容。当学生看到教师就在他们身边和他们一起讨论问题时，他们会尽力去回馈。有些教师也许会有疑问，教师怎样才能帮助学生建立起一种学习文化？问题的重点在于让学生明白，目标不在于完成任务，而在于学习。所以，教师要关注的是怎样使课堂更有意义，而不只是让学生感到自己在干一件很枯燥的事情。

3."翻转"让教师与家长的交流更深入

翻转式教学法也直接改变了教师的注意力和沟通方式。传统教学教育关心最多的是是学生在课堂上的表现，例如，他们是否认真或表现得很有礼貌，是否积极举手回答问题。乍一看，这些学生的学习表现很好，但是教师们常常不知道该怎么回答。学生有没有在线上进行学习？如果他们偷懒敷衍了事，教师怎样监管和采取哪些方法来提高学生的学习水平？这种对问题的深刻思索使得教师在为学生营造一个良好的学习氛围方面进行了协商和相互沟通。

为什么学生有找不完的理由来消极面对学习？难道他们的基础不够，难以进一步学习吗？他们的学业是否受到私人问题的影响？还是说，比起读书，他们更注重"在学校玩儿"？如果教师能够找出学生不喜欢读书的原因，那么我们就可以创造出一个进行必要干预的好时机。

三、微课

（一）组成

"微课"的组成部分较多，包含课堂教学小视频（课例片段）以及与该教学视频主题相关联的课件与素材、教学设计材料、教学反思、单元测试、教师点评及学生反馈等辅助性教学资源，这些因素以一定的组织关系呈现和营造出了一个具有主题的半结构化的资源的应用环境。因此，以往传统的单一教学资源，如教学课件、教学课例、教学设计、教学反思、教学录像，教学资源单独使用有其局限性，"微课"是在其基础上继承和发展起来，综合其优点的一种新型教学资源。

（二）微课的特点

1.教学时间较短

微课的核心组成部分是教学视频。微课长度往往是依据学生的认知特性和学习知识的规律来确定，一般时长较短，5~8分钟，长的也不过十几分钟。所以，与传统课堂一节课四五十分钟的教学时长相比，"微课"可谓短小精悍，称微课为"课例片段"或"微课例"也不为过。

2.教学内容短少，主题集中

传统课堂的主题内容比较宽广，而"微课"主题突出，问题集中，更符合教师的讲解逻辑。"微课"内容主要集中于课堂教学中某个学科知识点，如教学中的难点、重点、疑点等，抑或针对课程中某个教学点、教学主题进行教学活动。有别于传统一节课要面对繁杂的主题还可能分散的课程内容，"微课"涉及的内容更加精练，"微课堂"也由此而来。

3. 资源容量较小

从物理存储容量角度来说，"微课"视频资源加上配套的辅助文字资源总共大小一般控制在几十兆，由于需要在线播放，格式需要采用流媒体格式，如 rm、wmv、flv 等，这样学生可以随时在合适的场合在线观看微课视频、学习教案、课件等辅助材料，并且，如果有必要的话，还可以将资源直接下载下来，保存到自己方便使用的终端设备上，如手机、笔记本电脑、平板电脑等，可以方便他们移动学习、随处学习。对教师而言，也方便了教师之间进行观摩、研究、评课、反思等。

4. 资源组成，结构"情景化"

具有结构的资源使用起来才方便。一般"微课"里的教学内容要求主题集中，有统一方向，构成一个完整的小体系。它以这些短小教学视频为中心，"统筹"教学设计、教案、在线课件、多媒体素材、学生的反馈意见、教师课后的教学总结及相关学科课程组的点评等教学资源，共同构成主题单元的"主题资源"，以一个仿真的"微教学资源"呈现在学生面前。"微课"资源符合视频教学的特征。学生身处在这种具体的、典型案例带动的教与学情景中，感受非常真实，容易学习到高阶思维能力，如"默会知识""隐性知识"等，更容易让教师达到教学观念、风格、技能的模仿和迁移，快速转化和提升教师的课堂教学水平，进一步促进教师的专业提升，促进学生知识水平的提高。微课的出现对学校教育来说也有莫大好处，微课是这门课程的重要教育资源，学校教育教学目标改革可以以微课模式作为基础。

5. 主题突出，内容翔实

一个微课程就做一件事，集中于一个主题上；专门研究来自教学实践过程中碰到的实际问题：或是强调重点，或是难点突破，或是生活体会，或是学习方法，或是教学总结、教学思想、教育观点等，都是具体的、真实的主题，是教师和学生都可能碰到的问题。

6. 起点低，趣味创作，草根研究

由于每个单元的课程内容都较为短小，因此，对课程的制作者的起点要求可以适当降低，人人都可以参与尝试；加之主要是教师和学生使用这些微课，微课的制作目的是将教育教学目标与教学内容及教学手段关联起来，是"为了教学"，着眼点不是为了验证理论、推断理论。所以，教师决定制作成微课的内容一般是教师自己熟悉的、完全掌握的、有能力解决的知识和问题。

7.成果简化，方便传播

因为微课主题明确，内容非常具体，所以，研究内容方便表达，研究成果以一种更直观的方式体现出来；由于课程用时少，容量不大，所以传播方便，可以借助网络、手机、微博等多种形式传播。

8.反馈及时，针对性强

在这种微课教学模式下，由于评价活动可以在网上进行，避免现实中的尴尬局面，制作方就能及时听到学生对自己教学过程更为客观的评价，获得更为真实的反馈信息。与传统的听课、评课活动相比较，"现炒现卖"，具有即时性。由于微课可以达到课前的组内"演练"，谁都可以参与进来，学生互相帮助，共同提高，这让教师的心理压力有一定程度的减轻，不用过于担心教学的"失败"，学生也在评价时不必害怕"得罪人"，这明显比传统的评课方式要客观得多。

第二节 项目教学法的应用

一、"项目教学法"的定义

在特定的情况下，知识可以由自己创造；学习可以提高知识、技能和行为，促进人们的态度和价值观念；教育是有目的的、有系统的、有组织的、持续交流的，教育的结果是要达到教育目的。项目教学方法主要是指在教学过程中以项目为核心，由学生和教师一起共同完成一个教学活动项目。这种方法特别适用于职业教学当中，而项目通常是指生产一种有益于社会发展的物品，这是一种最终的生产目标任务，学生利用自己所学的知识和经验，自己进行规划和组织，自己动手操作，在实际操作过程中解决所有遇到的难题，从而完成项目。当然也有些项目是一些看不见、摸不着的物品，在项目设计和制造过程中可以排除一些其他的故障，设计一套完全可行的业务方案。用于教学的项目可大可小，可以是设计一个系统化的大的项目，也可以是小型的，如加工一个小部件，其目标是培养学生的专业技能。

二、"项目教学法"的分类与组成

在以前的项目教学中，人们大多采用独立的学习方法。但在现代科技飞速发展的今天，大生产的形式对职业人才教育提出了更高的要求，越来越多的工作必须以团队合作的形式进行，并且要有统一的计划、协作或分工来进行。有些情况下，一个教学项目小组中的参与者可能有着不同的专业背景，甚至是跨越大类的不同专业领域，如管理学专业和工程技术专业等，这样的好处是锻炼他们在以后的实际工作中能顺畅地与不同专业和来自不同部门岗位的同事进行合作，共同完成一个项目。

在工程技术领域里，项目相对来说更为直观，可以把绝大部分的产品的制作直接当作项目，如螺、格栅、扩音器、压力器等，这些常见的工具制作都可以当作好的教学项目；而有些项目不一定以实物形式来展示，如财务会计、贸易和服务行业、软件设计等，其项目不一定要求是实物，只要具有整体特性，并能衡量成果的工作或任务都是教学项目的选择范围，如产品的广告设计方案、商品展示和销售活动、应用小软件的开发、界面的设计等。

项目式教学方法包括以下几种：第一，要有特定的教学内容，要有实际的应用价值；第二，能够将理论知识与实际工作有机的结合；第三，与企业营销有关联或为实际的生产经营活动；第四，学生能根据自身情况独立拟订计划并付诸实施；第五，学生已经具备足够的运用知识解决项目工作中遇到的问题的能力；第六，该项目存在一定的难度，不能过于简单，能使学生在实施项目过程中运用新知识、新技能，获得成就感；第七，培养学生的情感、态度、价值观；第八，项目成果最终也可被活灵活现地展现出来，方便教师和同学检查完成情况，共同评价项目。

三、"项目教学法"的实践意义

心理学对人保持记忆力方面的研究证明，当人类通过"听"来感知，能保持对某一事物的记忆，大约有20%；在感觉类型为"看"的情况下，保留率为30%；在感觉类型为"听+看"的情况下，保留率为50%；当人们是通过"亲身实践"来感受时，保持率高达90%。这也证明了研究学习的科学领域大家所推崇的学习方法：听来的忘得最快，看到的相对记得久点儿，做过的才能会。

只有当一个人在解决他所面临的问题时，才会发现他具有的知识或能力不够，这时真正的有效学习才开始。也就是说，教师传递知识给学习者并不是学习的过程，学生自己构建知识的过程才是学习。学习者无法通过被动地接受信息构建能力，而要基于已经掌握的新知识主动处理与建构，这是不可取代的。这种建构主义学习更多的是主观性的、社会性的，更注重情景的转换与协作。教与学应该是同一件事情，不应该是被分开来做的事情。高校教育的目的是以就业为主，以服务为宗旨，其培养教育的目标是把学生培养成职业道德和综合素养都比较高的人才，培养成能够熟练掌握专业技能的社会人才。

四、"项目教学法"的原则

（一）项目教学法是一个相对完整的工作过程

项目教学法所选择的项目都是一个比较完备的工作流程，学生要在整个"项目"中完成任务。一般来说项目教学可分为七个步骤：第一是让学生对课题理解，明确任务，收集相关数据。第二是独立制订计划和决策。第三是执行计划，在一定的时间内组织和安排进一步的研究。第四是学生在学习过程中遇到了问题，并进行了相应的处理。第五是检验流程。因为项目通常是比较困难的，学生在此之前可能没有碰到类似情况，这就要求学生在原有基础上，通过学习新知识、新技能去解决问题。第六是以明确而具体的方式展示成果，进行结果评估。第七是教师与学生共同评估项目的工作成绩，并对学习进行监督。当然，各个步骤可以互相交叉、灵活变通，在教学过程中可以根据教学的需要进行灵活运用。

（二）项目教学法注重通过完成一个项目来获取知识

其重点在于它的学习作用。学生自己组织和参加的实习是一个学习的过程，其结果并不是关键，关键是要完成整个过程。在此期间，学生可以通过学习来提高自己的专业技能。在教学活动中，教师的角色由原来的"主导者"变为"引导者""指导者"，并负责监督，目的是充分发挥学生的主人翁意识，积极学习。学生通过实施整个项目，了解所学的知识，掌握所需的技能，体验实际工作的艰辛，体验动手的快乐，学习分析问题的方法，提高解决问题的能力。

（三）项目教学法要求包含教学需要的主要内容甚至全部的内容

立足于项目，将教学活动贯穿于项目的全过程。教师应根据本课程的教学要求，并结合本专业的企业岗位需要，从现实的生产实践或生活中挑选具有代表性的相关项目作为教学的主体内容，因此，一旦项目被确立，整个教学流程就会成型，学生就可以通过自主学习来实现课程的目标。如果有必要，在教学过程中，一个大的项目可以划分为几个小项目和子任务。为了加速学生对知识的迁移应用，教师可以通过演示一个简单、典型的类似项目来讲解所要运用到的知识点；剩余的项目和任务由学生（当然也可以是工作小组）来完成，教师提供必要的指引。项目教学过程中，学生往往以小组为一个单位进行学习与工作，这种合作式的学习方法，有利于培养学生的团队精神，对语言表达与沟通能力的提升有极大作用。在大项目中，一个小组负责实施自己的子项目和任务，小组成员相互促进，共同学习，共同探讨并发掘有价值的信息，并最终与其他团体，乃至整个班级分享。

（四）项目教学法学习成果评价

项目教学法对学习成果评价做出了改变，以往是以考查知识点的掌握情况为标准来衡量学生的学习成绩，目前，以项目为基础的教学方法对学生的学习成效进行评估。

根据学生完成项目的情况根据作为对学生学习评价的基本依据。评价又可以分三个层面来考虑。第一层面，也是最核心的一个评价工作，就是由教师来评议小组完成项目的情况；第二层面，由每个小组成员进行相互评价，重点考虑的是团队成员为该计划做出的贡献；第三个层面是学生自己的评价，根据三个层面的评价来决定他们的学业。

当然，也可以视具体的情形而定，在有条件的情况下聘请企业相关工程师来参与评价，他们经验丰富，往往能给出对实践过程最有价值的意见。

五、教学策略

项目教学法使学生能够在较短的时间内完成自己的项目工作。从收集信息、设计、实施、评估等各个环节，学生能自行掌握整个流程。透过课程的学习，学员对课程有了整体理解与把握，并力求达到每个步骤的基本要求。在项目教学中，学生完成项目的过程是一种学习的过程，一般由七大步骤组成：

（一）明确任务

这一环节是教师根据学生情况挑选项目，即学生的学习任务，通过学习使学生能够清楚地了解自己的学习目的和需要完成的任务；明白任务后，学生搞清楚了自己到底要做什么，需要加强哪些知识，要训练哪些技能，最终自己要实现什么目标。

（二）获取信息

教师为学生提供相关的参考材料，帮助学生了解有关的材料，获得必要的信息，并对所需的知识和技巧进行补充。

（三）制订计划

在确定了学习任务之后，通常会分成几个小组，一起学习，并制订相应的学习方案。

（四）做出决定

根据学习小组制订的计划，可以让每个人都提出自己的看法，设计初步方案，最后由小组集体探讨，选择一个最好的计划。在讨论的过程中，中学生也能学到许多东西。

（五）组织实施

在项目执行过程中，教师可以在需要的时候进行示范，由学生在一旁观摩，当学生不明白的时候，可以询问，并由教师给出清晰的回答和示范；学生按照自己的想法去做，做好相关的工作，而教师则在旁边看着，必要时进行指导。学生在实施计划过程中，通过仔细研究自己所负责的分工，能高效地学习所要用到的知识。在整个项目的实施过程中，学生学习的自律性、自主性、学习效率都比传统的学习方式有巨大提升。

（六）过程检查

在项目结束后，学生会按照要求梳理工作流程，对结果进行评估，当发现问题不能自己解决时，可以向教师或同学求助。

（七）结果评估

在完成了前期的工作之后，学生将会展示自己的成绩，并进行总结。教师对学生在学习中遇到的问题进行评估，对学生在制作中遇到的问题进行及时的修正。其主要目的是通过一次技能培训，让学员对自身的理论知识和技巧有新的认识，从而提高自己的能力。

从最初的项目规划，到最终的成果，再到生产一种特定的产品或一个活动成功的实施，在这个过程中，学生亲身体验自己做出产品或服务的意义，让他们感受到成功的快乐，并激起他们的求知欲望，使他们充满学习的激情和兴趣。

第三节　虚拟现实在物理教学中的应用

一、定义及基本概念

虚拟现实（Virtual Reality，VR）技术是借助多感知交互技术、三维图形生成技术，运用现代的显示技术，呈现三维的虚拟场景，使用者可以通过键盘、鼠标等输入装置进行模拟，同时还有操作柄等输入设备，甚至配套更先进的传感设备，在虚拟现实技术中引入了头盔和数据手套，可以让一个人在虚拟环境中与周围不同的虚拟对象进行实时交互，从而对不同的对象进行感知和控制，以此达到一种沉浸的体验。

虚拟现实技术以沉浸感、互动性和想象力为特征。尤其是在实验教学中，通过体验、操纵和改造虚拟环境中的对象，得到直观、自然的反馈。学生置身于一个神秘、多维的信息世界，能够积极地获得知识、寻求解答、建构新观念。

由于虚拟现实技术具有极高的视觉体验和众多不可取代的优越性，使其在教育界占有举足轻重的地位。首先，虚拟现实可以减少真实实验中的贵重实验用品的浪费，规避具有危险性的真实实验或操作中潜在的安全隐患。其次，通过虚拟实验，使实验教学更加贴近现实，"制造"新的仪器，不断研发新的设备，在虚拟环境中增加新的功能和装备，以适应新的教学需求。最后，超越时空的极限。从另一个角度来看，其是一种将现代化的多媒体技术、传感技术和计算机网络与信息技术有机结合，在一些实验教学领域能发挥出巨大的优势，提升效果与效率。

二、教学中的应用

虚拟现实是在计算机中构建出一个形象生动的模型。人除了可以看见模型，在高端的虚拟系统中，还可以与该模型进行交流，获得接近于真实世界的反馈信息，非常接近于真实世界的体验。虚拟现实在三个方面具有巨大运用前景。第一个，构造当前不存在的环境，即合理虚拟现实，如飞机驾驶舱；第二个，模拟人类不可能进入的环境，如地核，即夸张虚拟现实；第三种，构造纯粹虚构的环境，如神话里的天界，即虚幻虚拟现实。尤其是在需要搭建耗资过大的真实环境时，就可以利用虚拟现实技术代替我们的需求。

在教学方面，虚拟现实可以大显身手。可以应用虚拟现实进行仿真演练，游戏化、探索性教学。当教师试图把一些系统的内部结构和运作动态展现给学生时，可以借助简单成熟的虚拟现实技术，为学生营造一种身临其境的体验环境，方便他们观测和学习，这无论在自然物理学科还是社会学科都具有积极的现实意义。搭建教学模拟环境的首要任务是对真实世界中被模拟对象进行建模，然后借助计算机程序来表达此模型，通过运算和辅助设备得到输出。这些输出就是我们所需要的，能够较为形象和粗略地反映出真实世界的特征和行为。借助虚拟现实的教学事实上是一种含金量非常高的CAI教学模式。

当然，现阶段受到技术及经济可行性的限制，在教学中应用虚拟现实技术还处于一个比较初级的阶段，比如3D环境展示等，这些虚拟现实技术大部分属于桌面级的。所谓桌面级虚拟现实是利用普通计算机和外围辅助设备进行虚拟模仿，用户通过计算机的显示屏来观察虚拟环境，更进一步地用各种外围辅助设备来操纵虚拟环境中的各种物体和切换角色。常见的外围辅助设备包括鼠标、操纵柄、追踪球、力矩杆等。参与体验的人借助位置跟踪器加上一个类似于鼠标、追踪球等手控输入设备，通过计算机显示器来 360º 观察虚拟环境，并可以模拟操控环境中的物体。不过在这种虚拟现实中体验者仍然不可避免地会受到来自现实环境的各种干扰，无法真正全身心投入其中。缺乏完全投入的体验是目前桌面级虚拟现实技术的最大弊端；优点是有着相对低廉的成本，方便推广。

三、虚拟实验室的实现

虚拟现实技术还可以用来制作方便学生进行虚拟实验的实验系统，其是指虚拟实验环境、实验仪器设备、信息资源、实验目标等。利用虚拟现实技术搭建的实验室，可以让学员从各个角度观看实验，搭建立体模型，通过鼠标、把手等，在物体上进行虚拟实验。

（一）仿真实验

在实验教学中借助数字化的仿真科技可以搭建虚拟实验室教学系统，一套完整的虚拟实验教学系统由前台和后台组成，后台实现实时仿真，前台是通过多媒体展现虚拟化操作环境。

目前的仿真软件很多，如 EASY-T、Cadance、Mentor、MatLab、VT-LINK3.3、OpenGL、MultiGen、SPW、LabView 等。这些工具各有所长，在搭建虚拟实验时，应根据当前条件和需求，选择相应的仿真开发工具。

（二）支持技术

现在 VR 技术的发展速度很快，目前国内外主要采取如下方式进行虚拟实验室的研发：

1.JAVA+VRML 组合

JAVA 因为其强大的跨平台特性，成为开发应用软件的主要工具，是一种纯粹的面向对象的开发工具。VRML 功能是对虚拟环境里各种对象的特征进行建模和描述，是用于虚拟现实的建模语言。采用 JAVA+VRML 进行混合编程是一种非常有效的方法，可以更好地完成复杂的动态场景控制以及其他一些先进的交互功能。这种开发方式成本较高，要求客户端提供类似于感应头盔、触觉手套等大量专业的设备，加之要能运行 VRML，也要求计算机具有很高的性能，所以搭建基于 VRML 的虚拟实验是一个较为复杂和开销比较大的过程。

2.ActiveX 开发控件

微软公司为适应现代网络需求的迅猛发展，将 OLE 技术在 Internet 重新定义，这就是 ActiveX 技术的由来。在虚拟实验室中，代码的可复用性是十分关键的。ActiveX

控制项可以使用现有的 COM 标准，例如，VB、VC++、Builder、Delphi 等。但是
ActiveX 没有良好的移植性和通用性，因为其只能在 Microsoft Windows 的操作系统平
台上运行。

3.Quick Time VR 技术（QTVR）

Quick Time VR 是基于静态图像处理的实景建模技术，也是虚拟现实技术。该技术利用离散数据，如数字图像、照片、录像等来搭建三维空间及三维物体的造型，构造虚拟环境，使得感觉更真实、图像更加丰富，细节特征更加突出，能达到全方位观察的效果。QTVR 技术易于实现，开发周期短，易于控制。

4. 使用 Fiash 进行开发

Flash 是采用矢量图形进行开发的系统，具有容量小，可以进行缩放，高兼容性，并且可以直接嵌入 Action Script 的特点。另外，Flash 还拥有一个功能强大的团队，可以让 Flash 的数据流自动升级，这大大降低了程序员的开发时间。所以现在，我们决定利用 Flash Action Script 来建立一个最简单、最实用的网上教学的虚拟实验平台。

（三）功能模块设计

1. 网络服务

登录本系统后，学生可以自行选择要进行的实验，并按实际需求接受相应的辅导。

2. 仿真实验

学生选择相应的模拟实验，按照模拟实验室的提示进行相应的操作，认真学习操作流程，观察实验现象，对实验结果进行分析。

3. 数据库

提供有关数据服务的虚拟实验系统。

四、优势

在学校现有的条件下，一些针对大型机械设备，如电站设备、航空设备、核能设施、数控机床，还有一些非常昂贵的精密仪器设备等的实验课。例如，操作与维护拆装等实验，几乎难以实现实物操作，一方面是这些物品要不过于昂贵，要不出于保密原因不面向民用，即便一些大学有建设这种实验室的资源，但维护这些设备的开销也非常大。另外，很多实验室带有一定的危险性。虚拟现实技术在这里可以大显神通，能较好地解决能提供的实验条件与要达到的实验效果之间的矛盾。在进行实验时，假如要用到较多昂贵的实验器材，或者损耗巨大设备，出于对成本的考虑，学校无法大规模采用。这时借助虚拟现实技术，建立起仿真虚拟实验室，学生就可以利用这个虚拟实

验室进行仿真实验，身临其境，模拟使用虚拟仪器设备，通过虚拟实验室系统来衡量学生的操作结果，提示其正确或错误所在，把相关结果反馈给教师。这种仿真虚拟实验不会受场地和外界环境的限制，不会浪费器材，更不会造成昂贵设备的损坏，关键是实验效果不理想时，学生可以反复地实验，直至通过为止。虚拟现实实验室还有一个无可替代的巨大优势，就是其有绝对的安全性，不可能发生人身伤害事故。

将虚拟现实技术应用于教育，这将会对教育事业的发展具有划时代的意义。它营造了"自主学习"的环境，改变了"以教促学"的传统学习方式，通过虚拟现实来学习，学生通过自身与信息环境直接作用来学习知识，掌握技能，这是一种新型的学习方式。虚拟现实技术中，学生感受到生动、立体、传神的环境，获得直观的虚拟体验，无论针对什么科目，都能提升学习者的学习效率，学生能获得更为深刻的知识。比之抽象而空洞的说教，学生亲自参与，亲身感受更加有效得多，因为被动的灌输与主动地去交互有着质的区别。利用虚拟现实技术，可以短时间内搭建成本低廉的各种虚拟实验室，这是传统实验室不可能达到的。具体来说，其优点主要体现在以下方面：

（一）节省成本

这里所说的成本包括时间成本和资金成本。不少科目的实验经常都会由于时间、场地、经费、设备等软硬件的限制无法真正实施。借助虚拟现实实验系统，学生无须鞍马劳顿便可以进入所需的虚拟实验室，感受最接近于真实实验的体会。在获得不错的教学效果的前提下，人力成本和物力资源消耗都非常少。

（二）规避风险

现实生活中，有些真实实验或操作具有危险性，或者资源耗费过于巨大，虚拟现实在这方面有着巨大优势，学生利用虚拟现实技术在虚拟实验环境中，不必害怕受伤，能放心地去完成带有危险性的实验。例如，虚拟环境下的船舶轮机教学辅助系统，可以防止学生误操作导致人身伤害事故的发生，并且避免了昂贵的主机和电站等贵重设备的损毁。

（三）打破空间、时间的限制

借助虚拟现实技术，能够彻底打破时间的约束，拓展空间；通过互联网及相关设备，学生可以在任意时间进行实验操作。

随着高校的扩大招生，很多学校设立了分校或者远程教育授课点，在这里虚拟现实系统可以大显身手，为各个教学点提供可移动的电子教学场所，借助网络作为虚拟实验室的信息通道，让各个终端同样可以享受到持续开放性的、远距离的教育。虚拟现实新技术应用在教育教学上，可以为社会创造更多的经济效益，具有良好的社会效益。随着计算机硬件设备价格越来越亲民，虚拟现实技术正在不断发展，技术越来越成熟。虚拟现实技术有着强大的教学优势和发展潜力，在不久的将来将会逐渐受到教育界的重视，会获得众多教育工作者的青睐，将广泛应用于教育培训领域，并发挥其独特而具有实效的重大作用。

第七章　物流教学中学生创新能力的培养

第一节　创新思维与创新能力

一、创新思维

（一）思维的基本分类：抽象思维和形象思维

思想是在脑子里进行的。人可以透过思维活动来了解客观世界的变化。思考要达到这一作用，就需要有两个条件。

第一，外界的信息一定要在人的大脑中呈现。表象是思维的物质，没有了表象，思维活动就无法进行。抽象的思维运用了语言概念和象征概念来进行思维，而具体的思维则利用了形象来进行思维。当我们讲"直角三角形的斜边平方等于两个直角边平方的和"这个命题时，是利用直角三角形、斜边、平方、直角边、和等概念来思考的；而当我们说"地球是围绕太阳进行公转"时，在我们的脑海里，我们看到了地球绕着太阳自转的一幕。这两种思考方式，一个是概念，另一个是表象。

第二，信息的表象中具有可操作性。头脑中的形象并非固定不动，但可以用多种方法来处理，这种方法通常被称作"思维方式"。分析、综合、抽象、归纳、演绎是抽象思维的根本方法，而具体思考的方法则是分解、组合、类比、概括、联想和想象等。

事物是复杂的，我们要认识它的本质，抓住事物间的联系，往往需要综合运用多种思维方法。以形象思维为例，比如解一道几何题，面对一个复杂的图形，首先要能看出是由哪些基本图形构成（对图形的分解），进而找出这些基本图形的种种联系，如相似、相等、相切等（对图形的类比），把它们在头脑中重新组合（图形的组合），再通过联想、想象找到解题的途径，最后加以证明。可见，在解决问题时，已经将形象思维的分解、组合、类比、联想、想象等多种方法结合起来，而且和抽象思维（逻辑证明）结合起来了。所以，思维的可操作性的含义包含了思维具有一整套科学的思维方法。

外在信息是无比丰富的，它在人的头脑中的表象也应该十分丰富。无疑，人们运用的语言（文字）是非常丰富的，由于语言的可分离性和可组织性，还可以按一定语言规则组成无比丰富的语言单位，形成概念系统，使人们思考时能深入人类认识的各个领域。表象也是这样，凡是有形之物，都能在头脑中产生它的表象，加上对表象的分解、组合和类比，可获得非常丰富的表象系列，人们用表象来思考，可以生动地深入形形色色的大千世界。

由此可见，完全具备上述两种属性的思维，只有两种思维，一种是抽象思维，另外一种是形象思维，都有其根据和价值。但是从思维本质来说，这些分类出来的思维不具备独立的思维的基本属性，它们是由两种基本思维派生出来的。我们弄清思维的源与流的关系，有利于我们对思维做深层次的理解和研究，有利于我们在教育中对学生思维的培养与训练，同时，也有助于我们认识到创新的本质。

创造性是一种综合了各种不同的心理素质和技能的综合能力。在不同的创新领域中，人才的组成是不同的。在作家与工程师的技术革新之间，也就是科学家的理论成果与工程师的技术创造的差异。从创造性（创造力）的角度来看，最主要的心理品质与能力有以下几种：第一，创造性。这是指在创造性活动中具有较高的工作激情与自信，具有独立的思维和探索精神；第二，创意。这是创意活动中的核心思想；第三，实践和实际操作。这都是可以总结的，创意是在实践中形成的。只有通过实际操作，既有稳定的工作，又有很好的技术，才能使创意变为现实。这种卓越的创造力并非凭空产生，而是基于扎实的知识和全面的技能。根据前面一章所述，创造性是指在人类的认知活动中，创造出具有创造性的、有意义的、有价值的结果。这是一种高层次的能力的体现，是创新思维的结果。

（二）创新思维的特征及其定义、特点

创新思维是一种新颖的、灵活的、有机的思维过程。

1.创新思维的特征

创新思维是一项复杂而精细的思维活动，对上述的定义还需做具体的说明。

（1）新颖性。

思维的新奇就是思维的新成果、新产品、新作品、新理论、新方案（管理、实验）、新工艺和新方法。这些研究成果是前所未有的，而且是第一次，无论是在实践上还是在理论上都是如此。新颖可以体现在产品的所有方面，如形式、结构和功能。现在，新技术的发展速度很快，新的产品也会很快被新的技术所替代。我们所谓的"新鲜感"，就是指学生在回答问题、做实验或者发明科技时，不是按照教师的教诲，也不是从课本里学来的，而是自己想出新的办法。比如，在数学课上寻求新的解决办法，在写作

课上写出更好的文章，在实验课上尝试新的实验，在课外团体活动中创作新的模型、雕像和其他作品。

（2）灵活性。

灵活的特征是多角度、多方向的思考，以及思维的变化、发散性、跳跃性等。

①多角度、多方向。

第一，能够从不同的角度、不同的方向、不同的途径寻找不同的可能；

第二，能够快速地完成思维的转变，由积极的思维转变为反向的思维，从一种心理操作到另一种不同的心理操作；

第三，运用语言、文字、图片等各种形式来表达自己的观点；

第四，设法把无关的事情联系起来。

②变通性。

第一，突破固有的思维方式；

第二，有能力提出异议或问题的解决方案；

第三，富有曲折变化的思想；

第四，扩展问题的时间和空间要素。

③发散性。

第一，有许多选择或可能的导引发散；

第二，提出了很多想法和问题的解决方案；

第三，从不同的角度去寻找事物的意义、作用。

④跳跃性。

第一，对问题的不确定的地方有敏锐的洞察力，对问题的后果有直接的预感；

第二，可以在感官和真实之间（时间和空间）之外；

第三，能从一件东西跳到另一件，使同一元素与另一件事有关联。

抽象思维具有广泛的灵活性。人们对抽象思维的规律已有充分的研究，辩证法就是思维灵活性的规律。我们要学习辩证法规律，发展思维的灵活性。抽象思维具有发散性、变通性、跳跃性。

在创新过程中，形象思维最具灵活性。关于这一点，可用直觉、联想、想象来说明。

直觉。逻辑是证明的工具，直觉是发现的工具。大自然的奥秘有的隐蔽很深，事物间的关系有的盘根错节，创造性的突破通常是发现隐蔽关系的结果。这里并不完全是必然的逻辑的路子。直觉有利于揭开创造过程中的隐蔽部分，因为直觉思维没有严格的步骤和规定，可以"跳过"思维的某些阶段。这种直觉来自对这类问题长期的观察、研究的积累。丰富的表象积累，彼此会互相影响，重新组合。每一条记忆轨迹都会被另一条记忆线所干扰。所以，重复检验同一种物理现象，会创造出新的印记，这种印记并不只是重新加强原有的印记，而是不断地修正以后的产物。这种重新组合，许多反应都是自动完成的。在长期的思索中，正是这种重新组合，在某些诱发、启示下，令思考者豁然开朗，把问题解决了。

联想。联想一般分为接近联想、类比联想、对比联想、自由联想等，它是创新思维中一个重要的思维方法。世界上各种事物皆是按网状结构、以多维的（平面的、立体的）方式呈现在人们面前的。这种关系是多方面的，也是非常复杂的。在仅使用逻辑推理的情况下，采用线性法去研究、发现这些联系，那是远远不够的。而联想的方法为我们提供了发现这种多维度的、发散性的事物种种联系的一个十分重要的方法。

想象。想象结合了各种隐喻的思维方式（分解、组合、类比、联想），是通过表象的改造，在已有表象基础上创造新的形象。它是最具创造性的一种思维方法，是科学、文学、艺术、设计、体育和任何有创意的活动。人们的创新活动必须善于不断地把自己的想法、见解或设计用形象化方法（如绘图、动手制作）重新组合成不同的形式，从中产生新颖的组合。

在想象力的重要性方面，想象力要超过知识，因为其是一个有限的概念，包含了世界上的既所有事物，是推动社会发展的动力，也是知识演化的源头。从理论上讲，想象力是科学研究中的实在因素。

（3）两种思维的有机结合。

两种思维（抽象思维、形象思维）各自都有一整套思维方法。如果每种思维各取一种方法进行结合，则有五六十种结合形式，如果取两种方法再结合起来，则有两千多种结合形式。可见两种思维结合是多种多样、非常灵活的。不过我们认为其中主要的、基本的组合形式有以下几种：第一，将观察和分析结合起来；第二，把想象和分析结合起来；第三，直观和辩证的结合；第四，将假定和试验（分析）结合起来；第五，将分散和会聚结合起来；第六，设计与实验分析相结合；第七，设计与制作相结合。

2.创新思维定义的特点

从基本思维的范畴来考察创新思维，进而了解创新思维，从而获得一个比较全面的、可操作性强的概念。

（1）全面性。

创新思维是将形象思维与抽象思维有机地结合在一起的一种活动。"新颖性"指的是思维的结果和成品，而"灵活性"是指思维活动的特征（多维度、分歧性、适应性和跳跃性）。"两种思维有机结合"是对思维的类型、方法来说的，它包含了各种思维的方法和方式，因此，对思维的界定较为全面。

（2）可操作性。

创新思维的可操作性，可以分两个方面来说。

第一，一种思维层次。思维最根本的特征就是可以运作。所以，创新思维就是要有这样的能力：思维的敏捷（比如直觉）、思维的灵活（比如想象力）、思维的深度（如概括、分析）、综合等。

第二，思维活跃度。创意思维训练可以把能力训练和问题解决训练结合起来。能力体现在不同的、发展的和高质量的学习活动中。通过课堂上的学科教学和外部的多种能力的培养，为学生的创新思维提供了广阔的发展空间。教学中的各类问题解答练习（运用问题）是一种培养学生创新思维的方法，即采用问题情境—提出问题—分析问题—解决问题的教学模式，是一种探究式或发现式的教学模式，是可操作性的、深入的，是培养一种很有创意的思维方式。

创新思维的可操作性，可以将其与兴趣生成、能力培养、问题解决等活动有机地结合起来，促进学生的创造力发展。

（三）大学生的思维特点

大学阶段是培养学生创新思维的关键时期。据了解，这个阶段的学生身体和心理发育都比较快，比较成熟，有较强的自主思维和决断能力，具有较强的好奇心和求知欲，具有较强的想象力。但是，在此阶段，学生的思考方式和问题的解决方法尚未形成，因此他们的灵活性很强。

在此阶段，创新思维的发展是不均衡的，因人而异，但是每个学生都具有发展创新思维的潜能。

（四）大学生的思维发展特点

思维是人类大脑对客观世界的普遍和间接的反映，是一系列事物的共性与基本属性，同时也是事物间的内在关系。属于理性认识。

创新思维是基于普通思维的各种思维方式的结合，具有以下特征：创新思维是一种发散式思考与集中式思考相结合的思维方式，经常是直觉思维，经常是创意的想象力，经常有灵感的出现。

在解决问题时，普遍的方法是，先用分散的思想去寻找各种方法，再把注意力放到最好的办法上。在创新思维中，集中思考与扩展思考是非常关键的，而分散思考则更能帮助我们找到更多的、更新的问题的答案。直观思考的产生证明了正面的创造性思考。直觉思维通常包括猜测、跳跃、压缩思维过程、直觉和迅速领悟。很多地发明都是从直观的思考中产生的。创意思考要求有创意的想象力。富有想象力的思考能把已有的体验整合到更高的水平，从而创造出更好的效果。当新的问题被解决时，会有新的点子和解决办法，从而产生一个清楚的思维——灵感。这是一个思想家在漫长的时间里，不断地积累和思考的成果。

大学阶段的学生不再需要大量的实践来进行理论上的抽象逻辑思考。他们的经验思考能力发展到了一个很高的层次，他们可以很好地辨别出被观察到的东西和现象之间的逻辑联系。正规逻辑思维也在很大程度上发展并支配着人们的思考。他们可以用自己的思想去分析各种需要感知、判断和推理的事物，从而找到矛盾的特点，并做出新的总结。他们可以对事物、现象和相互依赖的性质进行深入思考，并将自己所掌握的资料与新的资料进行对比，以理论为依据进行科学的分析和综合。他们的判断力由绝对性转变为假定，他们会变得积极、有想象力，大胆地去推测、去假定、去思考。他们可以预先制订研究计划、实施计划和研究战略，然后再去解决问题。他们还可以对工作进行反省，并且愿意继续提高。随着年龄的增加，学生的抽象思维能力、概念思维能力逐步趋于成熟，思维各要素趋于稳定，并趋于成熟。创新思维的流畅度和适应性没有显著改变，但是，在被视为最具有挑战性的创新能力上，高水平的学生表现出了逐步提高的趋势。大学生的创新思维结构日趋完善，求同与求异相结合。研究显示，在创造性地解决问题时，二者之间的关系始终紧密相连。同时，学生的思维能力也得到了极大的改善。他们可以用不同的方式来处理问题，并且可以进行更多的迁移。在原创性、独立分析、问题解决和独立思考的能力上，都得到了显著的改善。

总之，从大学生思维发展的特征来看，大学生的创新思维具有一定的独特性，性，具有很强的创造力和对新鲜事物的渴望，他们具有观察分析和逻辑思维等特定的技能。但是这种能力还不完善，还有待教师的引导与培养。另外，尽管这一阶段的学生自尊心很强，但是他们对挫折的容忍程度还不够高，因此他们要避免接连犯错，而在教学中应注重培养学生创新思维的策略与方式，以保证其始终具有开拓创新的精神，并不断提升其创新思维能力。

二、创新能力构成

（一）全面发展思维

世界上的一切事物都有其发展的过程，人也不例外。不仅人的思想、技能、能力有其发展的过程，人的创造性、情感、意志、人格也是发展的。教育的本质就是促进人的全面发展。下面从创新能力组成的基本因素——思维、知识、能力、意志、个性，研究它的发展与构成。

抽象思维与形象思维是两种基本的思维方式，它们都具有普遍意义。创新思维是创新活动中两种思维灵活的、综合的最佳结合，是创新能力的核心。因此，培养创新能力要全面发展思维，即两种思维都要发展。

1. 学科教学是思维全面发展的沃土

在教学中，不同学科的思维发展各有特点：物理学科，知识来自科学实验和生产实践，理论结合实际。

在实践与观察中，主要用形象思维；而对客观事物的性质、结构、状态的分析与研究，主要用抽象思维。

学科教学中思维的发展是丰富的、全面的，两种思维相结合的形式是多种多样的，如物理的实验观察与分析相结合以及艺术学科的想象与直觉相结合等。学科中这种思维发展的全面性和两种思维相结合的多样性，是发展创新思维的沃土。

2. 全面发展思维，要以发展形象思维为突破口

在创造过程中，人们通过联想、想象，超越感觉的、现实的和时空的局限，探索、寻找未知的事物；人们通过假设、直觉突破思维的障碍，架起经验到理论的桥梁，获取创造的成果；人们通过两种思维灵活地结合，解决了一个又一个单一思维（抽象思维）长期未能解决的重大问题。形象思维成为创新（创造）过程中最活跃最关键的因素。

在人类思维发展史中，首先发展的是形象思维。史前时代的发明创造都靠形象思维。例如，语言就是形象思维创造的产物。语言的产生需要两个条件，一是要有足够的词汇（口头的、文字的），二是要有一种约定俗成的普遍语法。其中每一个词、每一个语法，都是我们的先民创造出来的。从手势、表情到口语，从口语到文字（象形文字），经历了几万年甚至几十万年，这个创造过程是由形象思维完成的。

形象思维这么重要，人们为什么不知道呢？其原因就在于形象思维是非语言的。正因为形象思维的非语言性，人类才创造了语言文字，用语言文字来表达思维。而当人们有了语言文字以后，却只知道语言文字而不知道形象思维了。

人可以用语言（概念）来思维，也可以用非语言的表象来思维，打破了历史的禁锢，开启了思维的发展从单一的、片面的思维（抽象思维）走向思维的全面发展。形象思维是重要的，形象思维长期不被人们所了解，这就是为什么全面发展思维要把发展形象思维作为突破口的原因。

3. 学会独立思考，做自觉思维的人

创新是新颖的、首创的，创造了前所未有的事物，要创新就要想别人没有想过的问题，做别人未曾做过的事，走别人没有走过的路，所以，要学会独立思考。

客观世界的发展和变化是无穷无尽的，一些问题解决了，更多的问题又呈现在人们的眼前，需要我们去研究、探索和解决。这就要有新思维、新思路、新方法，要会独立思考，创造性地解决问题。

人类在漫长的历史进程中，思维随着生产劳动的发展而发展。在这上百万年的历史中，人们只知道生产劳动而不知道生产对思维的影响，头脑中的思维活动是不自觉的。

这种思维不自觉的现象，至今仍然相当普遍的存在。比如，在学习过程中，同是听讲或阅读，有的理解得深，有的理解得浅，读书不求甚解；同是解题，有的只能套套公式，只有一种解法，有的则有多种解法；同是观察，有的仔细、深入、全面，有的粗枝大叶，熟视无睹。这些学习质量的差别，就是由于有的人思维不自觉、不到位。

由此可见，要会独立思考，就要在学科教学过程中，根据学科思维特点，有目的地进行思维训练，培养学生主动地、自觉地进行思维，促进思维的全面发展。

（二）丰富的知识积累

知识是人类在认识和改造世界的漫长过程中获得的知识和经验的总和。它是人类创造物质文明和精神文明经验的历史积累，也是当代一切发明创造的源泉。知识的积累要处理好以下两种关系：

第一，要处理好博与专的关系。当今世界，科学技术日新月异，新学科不断涌现，知识呈现出两大趋势，一方面学科门类越来越多，越来越细；另一方面学科交叉、文理渗透，自然科学与人文学科相互交融。因此，我们不能只看到知识分工、专门化这一面，更要看到知识的纵横交错、彼此融会、互相联系、互相促进这一面。学习要先有宽厚的基础而后才有专深，把博学与专深正确地结合起来。

第二，要处理好间接经验和直接经验的关系。既要重视历史的经验积累（间接经验），相反，重要的是要强调日常直接经验的积累。预计学生将主要从间接经验中学习，又要重视直接经验，重视实践。

（三）创新精神

人要有点儿胆量。要进行一项创新的活动，就必须具有创造性。创新意识是指个人在创造过程中所具有的各种相对稳定的心理品质，是创造能力的推动力和精神支柱。这包括了解创新活动、相信创新活动的前景和目的、创造活动的激情、战胜各种困难的坚持不懈、不断地探索与向前。

1. 信心

对创新进程的自信来自个体在创造活动方面的大量知识和经历，以及对科学问题的理性认识。所以，信心是一种实事求是的科学态度。既不是人云亦云，也不是盲目蛮干。自信是革新的前提。没有自信，不自信，又如何能创新？自信并非一朝一夕之功，其需要长期的训练与锻炼。培养学生对学习活动的自信非常重要。在平时的教学活动中，教师要注意学生的表现和进步，要经常鼓励他们，使他们认识到自己的进步和智慧的强大。他们不得不这么干。

2. 勤奋

富有创造性的人工作起来很有激情，很努力。当提到发明时，很多人都会把注意力集中在发明家身上，认为他们天生就有这种才能。心理学相信，人类的天赋仅仅是身体和解剖的一部分（如大脑的神经系统），而一个人的天资和创造性取决于他在某种社会生活状况（如教育、家庭、社会等）中的主观努力。任何领域的发明和创新，不管是古代的，还是近代的，都是基于长期的乃至一生的努力与研究。没有 99% 的努力与积累，是无法产生一心一意的灵感的。灵感来自丰富的积累，灵感是勤奋的回报。

学习是一种艰苦的脑力劳动，要从小培养学生学习的热情、一丝不苟的认真态度和不怕困难、百折不挠的精神。

3. 善问

为了满足人的物质生活和精神生活的需求，人们不断地深入探索自然，产生各种发明创造，推动着生产的发展和社会的进步。这种探索、发明创造是没有止境的。它遵循唯物主义的认识运动：实践—认识—再实践—再认识。这个过程具体说来，就是实践—发现问题—提出问题、假设—探索—实践—结果（结论）—再实践—再发现问题……

很明显，为了发现和创新，首先必须善于发现问题和提出问题。如果不能找到问题、提出问题，哪有创新可言？事物总是发展变化的，新的事物、新的问题层出不穷，其需要用敏锐的科学眼光去发现它，有合理的怀疑并提出问题。

现在的物理教学以讲授为主，让学生回答教师提出的问题，或从教材中提出问题，这对于学生理解知识、巩固知识是必要的。这只是学习认知运动的一个方面，还有另外一个方面——培养学生善于发现问题、提出问题、独立思考，对培养创新精神来说，这是更重要的一个方面。教师应该在课堂上营造一种民主氛围，鼓励学生勇于提出问题，开展不同观点的讨论。教材中的练习体系也应改革，把提出问题、编写问题作为学生应做的练习。

（四）探索

人们探索求知的精神，是科学技术赖以产生、发展的精神力量。日出日落、花开花谢，从基本粒子到宇宙星系，大自然绚丽多彩、千变万化的现象，隐藏着多少奥秘。它激发了人们的好奇心和探索其中奥秘的欲望，吸引着无数科学家、工程技术人员为它献出毕生的精力。一部科技史，是人们探索自然的历史。青年学生要学点儿科技史，以吸取人类探索自然的精神力量。例如，在 19 世纪末期，有线电报线路在发达国家得以普及，这使得人们可以不用导线来接收和解读这些信号。这个问题，就算是最顶尖的科学家也不会去想。电报发明者最先设想，能把无线电波从地球的一头传到另一头。他翻阅了所有有关新的电学研究资料，做了大量的电气试验，耐心地观察并记录其结果，如果不成功，他就继续尝试，一次又一次地尝试。他继续增强自己的射击技术，从房顶到楼顶，从房顶到地面，他的哥哥带着接收机，一天比一天更长，从田地到山顶，再到下一座。他在三年的辛勤劳动和痛苦之后，终于获得了成功。

这说明，没有任何现成的解决办法或者答案——去做其他人没有做到的事情，去解决其他人没有解决的问题，而这些问题只有在探索中才能得到解答。

（五）实践能力与动手能力

1. 实践能力的重要性

在辩证唯物主义认识论的基础上，人类的认知活动首先是由感性向理性的发展。外界的信息透过感觉传递至心，借由心，我们认识事物的本质与内部规律，也就是达到理性的认识。但是，如果我们仅仅掌握了理智的知识，那么我们就已经取得了一半的成就。而在马克思主义哲学中，这只是其中的一小部分。马克思哲学认为，认识和理解客观世界的法则并由此加以解释，而在于我们运用这些法则，动态地改变这些法则。所以，由理智认识到实践的第二个认知过程更加重要。学生的学习是一项特别的认知活动，学生通过观察、阅读和听讲，由感觉到理性，认识和把握学习的内容，并通过练习、答疑、实验、制作、调查、研究和各种交际活动，使学生学会各种实际技能，如阅读、写作、计算、操作和对话。知识的基本目标是运用知识，尤其是对知识的创造性运用。其中，知识运用与多种实际操作能力的培养是其中较为关键的一个环节。让我们再次将科技研发与技术创新的过程分解为基础、应用、发展。从基础研究转向发展研究，是人们认识中的一个重要趋势。基本研究是对客观事物的认识和发现规律，是一种科学的认知过程。应用与发展研究是运用科学的方法来解决问题，对客观世界进行改造，是一种社会实践。

2. 动手与动脑

人类的社会实践活动是多种多样的，在现实的社会生活中，人与人的关系是密切相关的。生产实践活动、社会政治生活、科学艺术活动，而人的生产活动是最基础的实践活动。所以，在不同的实际操作中，手工操作是一项基本的操作技能。动手能力是一种运用自己的双手和工具，按照特定的目标，对物体的状态、形状、结构、功能进行改造的一种实用的能力，包括生产、实验、建筑、雕塑、种植等。

动手和用脑子有啥关系？马克思说："劳动的最后的成果，从劳动的过程之初，就在工人的外表上，也就是思想上的。"人们在用手工作的时候，都会有一个目的，那就是他们要做的事情。这个目标可能来源于一张图纸、一个样本或者一个想象中的东西。这种目标是以一种形式存在于劳动者的脑海中。在每一步中，在劳动者的脑海中建立一幅新的影像，和劳动者的目标进行对比，并提供回馈。接着，在知觉中所起的综合作用的心理特征，不但能够确定目标（不管是静态的或动态的），也能够对事件的结局做出预测。表象的综合类比是指通过理解事物的性质和性质来认识或预测物体的心理过程，是一种隐喻的思维活动。动手过程中不仅有视觉的刺激，也有触觉、肢体感觉的参与。

用手和用脑是互相促进的。精细的动作有助于人们对细节的思考，而对于细节的思考则是对手的精练。因为形象思维是非言语的，所以，在经验的过程中，人们的思想活动可以不自觉地进行。因此，人们容易忽视思维的作用，只注意动手训练，而忽视动脑的训练，不善于把动手训练与思维训练结合起来。那么，动手过程中如何有目的地发展思维呢？

第一，深入细致的观察。人类有目的、有计划的深入细致地观察是一种思维活动。从四面八方的角度去捕捉和把握对象的特性，使其达到精细的目的。

第二，把经验类化。人们在种种操作过程中，积累了丰富的经验（表象），要使这些表象不是杂乱无章的堆积，就要运用类比的思维方法。要善于把制作的成果与目标比较，把现在的成果与过去的比较，把自己的与他人的比较，把这一类与另一类相比较，等等。这种类比有无意的、不自觉的，更多的是有目的的、自觉的比较。如有的人自觉地强化记忆，有的人建立分类档案，有的人进行个案研究等。经过类比思维活动，头脑中的表象是分门别类的，形成了类化的经验。这种类化了的经验，如同概括化了的知识一样，能产生迁移。越是基本的类型，越能产生广泛的迁移。这就是通常所说的"触类旁通""熟能生巧"。

第三，展开想象，进行创新。有了丰富的类化了的经验，形象思维就会得到发展。这时如能根据需要，开展联想与想象，对已有的经验（表象）进行加工改造，人们就能创新，创造出各种新颖的、有价值的成果（产品）来。

因此，通过观察、类比、想象、创新的思维活动，就能达到"心灵手巧"的境地。

（六）个性发展

1. 个性发展

我们阐述了创新意识、创新思维和实践能力，就创新能力来说，基本问题讲清楚了。但是对学校教育，从培养角度来说，只是讲了问题的一半，要使创新能力的培养落实到每个人，要发展每一个学生的创造潜能，还有一个重要问题——个性发展。

心理学通常把个性理解为一个人的整个心理面貌，即具有一定倾向的各种心理特征的总和。每个人都由自己的独特的个性倾向和心理特征所组成，世界上没有两个个性完全相同的人。共同生活的一家人中，即使是双胞胎，每个人的个性也是有差异的，因为个性是在许多因素（社会的、家庭的、学校的及先天的）影响下发展起来的，这些因素对人的影响是不相同的。那么，是不是只有差异而无相同之处呢？当然不是，个性作为整个心理面貌，既有与别人相同的一面，即共性，又有不同的一面，即差异性。一般与个别是辩证的统一。一般不能脱离个别而存在，个别又总是同一般相联结；一般（共性）是事物中共同的本质的东西，而个别（个性）由于它的差异性、多样性，比共性生动、丰富。青少年在发展过程中，每个人的德、智、体、美都要发展，这是共性，是最本质的东西，但是在发展中又显现差异性和无比的丰富性。以智育来说，有的擅长理科，有的擅长文科，在理科中，有的喜欢数学，有的喜欢物理；以美育来说，有的爱好音乐，有的爱好美术；以体育来说，也有对田径、体操、球类的不同爱好。这就是差异性。所以个性是共性和差异性的统一。

既然个性是共性和差异性的辩证统一，教育的任务，就是既要发展共性的东西，又要在全面发展的基础上发展每个学生的爱好、特长。全面发展与发展个性特长，二者是不矛盾的，而是相辅相成、互相促进的。这就是全面发展与因材施教的原则，有的学校提出"全面发展，学有特色"的教育目标就是这个意思。

2. 兴趣、特长与创新能力培养

兴趣、特长（特殊能力）、创造力是个性的重要特征。兴趣是认识需要的情绪表现。中小学生处在生理和心理发展时期，他们在课内、课外表现出广泛的丰富多样的兴趣。广泛而多样的兴趣是个性全面发展的前提。多才多艺的人，兴趣广泛而多样，他们精力充沛、生活丰富、注意力集中，不断吸取各种知识。古今中外，有不少对人类有重大贡献的杰出人才都有广泛而多样的兴趣。例如，郭沫若既是科学家又是诗人、历史学家、剧作家、考古学家、书法家。因此，兴趣作为非智力因素，在促进学生个性的全面发展中起着十分重要的作用。

青少年的长处和天资通常从兴趣开始，然后由固定的爱好发展成能力。兴趣的稳定是一种持久的、较强的兴趣，这是个性发展的一个主要特点。在心理学上，对事物的稳定感是一种证明，其可以证明一个人的能力。

要想提升全民族的创造力，就必须要增强国民的创造力。我们不能让每一个人都有创意，但是每个人都有能力去做最合适自己的特定工作。所以，我们认为，通过教育，可以发展个人的优势，并让其创造力得以充分发挥。学校教育要从课堂和课外活动中发掘和发展学生的兴趣爱好和个人专长，并运用研究、探索、实践等多种方式，使学生的专业能力和创造力得到进一步的发展。这表明，兴趣爱好、个人专长和创造力是学校在全面发展教育的基础上发展创新能力的重要途径。

第二节 物理教学培养学生创新能力的必要性

一、物理学在培养学生创新能力方面的独特作用

（一）物理学的发展史对培养学生创新能力的作用

物理学的整体发展史是一个不断革新的过程。从亚里士多德时期开始，到牛顿时期的经典力学，到现在的相对论、量子力学，无不彰显着物理学家的创造力和创新精神。物理教学不仅要教授物理知识，还要培养物理工作者的创新意识和创造力，以激发他们的创造力。物理学中很多重的规律的发现来自几代物理学家的卓越的创造力。比如，当讨论到牛顿第一定律、欧姆定律、焦耳定律等科学上的重要结论时，就会着重指出物理学家是怎样找到定律，并向人们展示他们的发明过程，从而激发了学生的创造力。

（二）物理学本身的特点

1. 物理学是一门观察、实验和物理思维相结合的科学

观察是研究自然现象的最好方法，因为这些现象是自然产生的。观察能引起物理思考的现象叫作物理观察。在我们的日常生活中，我们经常会碰到许多的物理现象，比如，车子突然停下来，一个人被甩到了车的旁边，或是雨后的天空中出现了一道漂亮的彩虹。如果观察者看到这种情况，马上就会产生这样的想法："为什么当汽车停下时，人们的身体会向前倾斜？""为什么在下雨之后会有一道彩虹在天上？"这样的观测是一种物理观察。物理实验是一种对环境的可操作性的认知行为，其强调了对物理现象的发生、发展和变化的控制，使人们能够更好地进行观测和获得数据。在物理教学中，学生通过观察和试验来了解物理。在学生的基础知识积累、初步观察、分析、归纳的基础上，必然要解决物理现象的解释、物理过程的分析、习题的解答、仪器的运用。所以，有些创新能力会在问题的解决中得以发展。

2. 物理学是一门基础学科

物理学是研究关于物质运动、物质基础和物质相互作用的最普遍的法则。其不但为其他学科奠定了坚实的基础，更重要的是，物理学所揭示的时空与物质的关系，以及它们之间的相互关系、对应关系，对人类的哲学思想产生了深远的影响。而物理学又是一个应用学科的基石。比如、电气工程、无线电波、微波，都是建立在电磁场的

基础上的，而建筑学的原理，如机械、声学等。没有对最根本、最普遍的物质运动的法则进行研究，是不可能进行高等形式的运动的。物质的生命活动总是建立在机械、热、电磁等方面。没有机械、热、电磁等的运动，是无法揭开生命运动之谜的。因此，物理学应该是一个有着广阔的技术应用前景和创新性的科学。物理教学中所蕴含的创造性教学内容十分丰富，是一种很好的培养学生创新思维的方法。

二、物理教学中培养学生创新能力的优势

（一）物理是一门起始学科

物理学作为大学的起始学科，在大学里，很多物理现象都会引起大学生的兴趣。兴趣是一种对某一事物的认识与探究的心理趋势，为一种非智力的学习要素，但其又是一种内在的驱动力，促使人们不断地追求知识。在教育心理学中，动机是最重要的，而对学习的兴趣则是最重要的动力。所以，在物理教育中，我们必须从学生的兴趣入手，不断地激发他们的兴趣，并将不同的教学方法有机地结合在一起，最终才能使他们的创造力得到发展。物理教科书的目的就是要让学生了解一些简单的物理现象，了解一些基本的物理，然后让他们去学更抽象的力学和电学。

（二）物理学在教学中处于基础而重要的地位

随着科技和学科的不断进步，物理学在工业、农业生产中的地位日益重要，物理知识以其旺盛的生命力渗入生产的每一个方面，技术的进步使它的渗入更深。所以要在今后的工作中找到一些有用的东西，解决一些物理问题，并在工作中获得成功，这些都离不开对物理学的了解。物理学是生物、化学等学科的基础课程，学生若没有一定的物理知识和一定的创新意识，很难在高等学科领域获得成功。学生必须掌握一定的物理基础知识，并具有相应的创新能力，才能顺利地进行一些学科的深入研究。

三、物理教学中培养学生创新能力的制约因素

（一）学校因素

作为学生的直接教育场所，学校必须营造一个有利于创新的环境与氛围。在培养大学生创新思维和创新能力的过程中，学校的教育目标、教学方法、教学氛围、教学管理体系等方面发挥着重要的作用。在传统的学校教育中，学生学习的目标是传授知识，而在这种以测试为主导的价值观下，教师难以培养学生的创造性。孔子在中国历史上提出了"仁者为师"，但真正规范学校师生关系的理念却是"师道尊严"，即在教育、教学中对教师权威的任意服从，强调教师在教学中的作用和过程，而忽略了学

生的过程和角色，教师对学生的质疑多于对学生的提问。教师也更习惯让学生提出问题，而非学生提出问题，他们往往采用预设的方法，并不会因为学生的实际状况而进行灵活的安排。在班级管理中，教师习惯于命令、监督、惩罚，但缺乏对学生的主动参与和自我管理的习惯。因为长时间的消极，很多学生的自信心不足，在很长一段时间内都会影响到他们的创新能力。

（二）社会因素

社会是影响大学生创新能力发展的宏观环境，全社会都要营造一种与时代特点相适应的人才培养环境与支撑机制，推动创新与舆论引导。第一，要正确处理好教育行政与学校的关系。目前，我国现行的教育管理制度存在着粗放僵化、管理僵化、学校缺乏自主办学、办学模式单一、办学特色不能适应高校办学特色的创新发展。第二，要加强人才的创造性发展，必须在教育领域加大资金投入。只有智慧还不够，还必须有一定的资金、良好的工作条件，以及良好一个创新的环境。第三，要充分发挥公众舆论的作用，引导全社会正确认识人才，在知识创新、科技创新、思想创新等方面营造良好的社会环境。只有这种有利于创新的社会环境，才能激发学生对知识的渴望、对创新的兴趣，以及促进新思想的形成。与此同时，我们还必须通过政策和法律来鼓励人们对创新的热情，并保护他们的创造性。在人才问题上，要鼓励、扶持有才能的人出现，并不是要强调个人的卓越，要有个人的英雄气概，这是顺应了人才成长的规律。

（三）家庭因素

家庭是一个不能逃避和选择的场所，其对学生的创造性发展具有深远而广泛的影响。良好的家庭环境对学生的创造性发展起着至关重要的作用。促进创新的家庭环境，其特征是其教育目的与家庭成员之间的关系。和家长的关系很好，可以激发他们的新点子，让他们的行动变得与众不同。尤其是学生充满了好奇心，很适合进行创造性活动。但是，中国家庭的"忠孝"观念却对学生的观念产生了一定的影响。认为顺从、老实是一个好学生的一个重要特征。一个有自己独到的观点和勇气的学生常常被认为是表现不好。

四、物理教学中培养学生创新能力的紧迫性

近几年来，教育的改革取得了长足的进步，但是，在学校教育中，尤其是在教室里，强调的是书面知识，而忽视了实际操作；重视学习成果而忽视学习过程；强调间接的知识而忽视了直接的体验；偏重师资培养、轻学生探究等长期以来的问题依然未得到有效解决，主要是因为传统的教育理念的影响，比如注重成绩而忽视了学习过程。在

教育方面，讲授书本知识，忽视实际操作；重视学习成果而忽视学习过程；强调间接知识而忽视直接体验；教学中注重教师的引导，而忽视了学生的探索；偏重考试分数，忽视综合素质的培养等问题仍然存在。这不但使学生的学习积极性降低、学习负担加重、探究精神萎缩，还会对提高学生素质、全面贯彻教育政策、培养创新型人才等产生重要的影响。传统的教育观念、教育模式、教育引导系统无法有效地促进学生的创造性和创造性的发展。在新世纪，我们迎来了一个知识经济时代。知识经济是以知识和信息为基础，进行生产、传播和利用的一种经济形式。知识经济的出现，标志着人类社会的大规模工业化时代已经走到了尽头，我们将步入以知识、资讯为主的知识经济时代，而以创新为核心的新经济模式，必将使传统的教育理念产生巨大的变革。

五、创新能力的培养要点

（一）对思维进行创造性培养

要培养学生的创新思维，就必须在教材上进行改革，与时俱进。在物理教学中，物理教学依然是学生获得物理知识的重要途径，因此，在教学中，教师可以充分发挥课堂教学的作用，并定期开展物理教学活动。通过丰富有趣的物理实验，提升学生的经验与思考能力，进而促进学生的创新思维。

（二）有关创新能力的培养

物理教师的创新思维能力的培养离不开教师的教学方式。在当今科技日新月异的社会，教师应适时地引入新的教学仪器，不断地改进实验环境，不断丰富和充实物理实验的内容，使课堂上的教学与体验变得更有效率、更有意义。从长期来看，创造性的教学方法能够使学生创造性地思考，从而使他们的学习动力得到增强。

第三节　物理教学中培养学生创新能力的途径

一、营造和谐的教学氛围是培养学生创新能力的首要途径

（一）用全新的教育观念指导教学

作为创造性教育的组织者、领导者和实践者，教师应正确地理解和抛弃陈旧的教育观念，树立正确的教学理念。在知识经济与社会发展的要求下，创新教育对培养创

新型人才具有重要意义。当务之急是抛弃传统的应试教育，全面推行素质教育，培养创新型人才。因此，要转变以传授知识为目的的教学观念，确立现代教学观念，培养学生的创新思维是教学的根本目的。要根据学生的身心发展规律，切实尊重学生的主体性，精心设计、创造和谐的创造环境，让学生在创造过程中发挥出最大的创造力。

（二）建立和谐的师生关系、激励学生积极参与

教师容易教，学生快乐学，是教师和学生的共同愿望和理想。但是，很多教师都相信，教师的权威是不可撼动的，这一方面是因为传统的教学观念对教师的教学理念造成了影响，认为对教师只能尊敬。就算他们做得不对，也不能公然向他们提出质疑。教师道德观的偏差、教师与学生之间的不平等，造成了课堂氛围的僵化和凝重。这种压力不但会使教师的教学质量下降，还会使他们的学习动机减弱，从而影响到他们的创造力。因此，教师应抛弃权威观念，与学生建立良好的师生关系，创造一种轻松、愉悦的课堂气氛，鼓励学生积极主动、勇于创新，充分发挥学生的积极性和创造性。

只有学生有了疑惑，他们才会加入进来，去思考、去探究、去发现、去创造。在课堂上，就算学生的问题很幼稚、很荒谬，甚至错误，教师也不能随便用"不对""你错了""没有道理"之类的话来评价，更不要说训斥和嘲讽了。同时，要积极地进行激励与指导，要对学生给予充分的信任与尊敬，才能使他们有好奇心、有创造力。任何时候，教师都应该尽力去赞扬、肯定、赞扬、欣赏学生，即使是一点点的改进和革新。课堂教学中运用此教学法，有利于激发学生的学习积极性、主动性，培养学生的创造性。

也就是说，要构建一个和谐的师生关系，教师首先要认识到自己在课堂教学中所扮演的角色的改变。从简单的知识到教授学生如何获得知识；从解释到启发；从"教师权威"到"师生民主"；从尊重学生的个性到平等对待每一个学生，营造积极民主和谐的课堂气氛，使他们成为一个学习的目标。必须对学生的角色给予充分的肯定。教师要通过自身的创新意识、创新思维来影响和培养学生的创新意识和创新能力，形成一种良好的创新环境，促进学生创新思维的形成。

二、抓住课堂主渠道是培养学生创新能力的有效途径

（一）创设情境，激发兴趣，培养学生的创新意识

兴趣是一种非智力的心理因素，其对人的智力和其他的实践活动都有正面的影响。兴趣是激发学生思考能力和积极学习的重要因素，是激发学生的积极性、自觉性和创造性的内在驱动力。可见，兴趣是创新思维活动的先驱。任何人的创新思维活动的结果，都是在对所研究问题有强烈的兴趣时才能获得的。

　　一个学生想要在学习上有所进步和创新，首先要对学习感兴趣，并愿意把所有的精力都投入到学习中。生物学家达尔文、华罗庚、阿波莱顿都是如此，甚至比尔·盖茨的成功之路，也是因为他对计算机网络的执着。

　　物理学的世界是个谜，物理实验中有许多稀奇古怪的物理概念，物理学的发展史上有许多事实，说明人们对科学的无限好奇心和激情都能激发出强大的创造力。因此，在物理课上，应充分运用实验与电化教学相结合的教学手段，运用形象、生动、情景等手段，并通过不断地创造问题的情境，激发学生对所学知识的浓厚兴趣。

　　在初学物理的时候，教师要让学生进行一些让学生觉得新奇、有趣的实验，使他们能够更好地了解所学的物理课程。教师可以自行设计实验，也可以根据课本上的教学内容对学生进行实验。教师准备两根直径各不相同的管子，将一根较大的管子灌满，再将一根较小的管子插进较大的管子，底部向下，将其倒置，再将插在管子上的那只手移开。学生对此充满了好奇心，因此他们对物理学充满了兴趣，并且积极地研究和探究。

　　在新课程的引入中，教师可以提出一些问题，这些问题是学生所不能回答的，也是他们急需回答的。比如，他们用手捂着耳朵，把音叉放在前额，然后用手敲了敲，然后问道："你是怎么听见的？"另外一个例子就是把一根筷子放进水里，然后问："为什么用一个角度把筷子插进水里，从上往下看，会有弯曲的感觉？"让学生在聆听时提问，能使他们产生强烈的学习动力。在新课程的讲授中，比如白光的色散，讲到牛顿怎样打磨他做的棱镜，把白色光线分为七种，终结了过去人们以为白光是单一的认识；在谈论原子核的构成时，讲述了约里奥与居里在发现中子时失败的故事。可以在其中加入一些有趣的物理历史。在面对创新的时候，教师也要让学生明白，偶然的小发现能带来伟大的发明。要培养学生善于发现线索、全力追寻线索、发掘线索，从多个视角去观察、去调查，寻找新的思路、方法。

（二）善于提问，巧妙设疑，培养学生的创新能力

　　教育教学实践告诉我们，一切创新都源自问题，让学生在问题中学习，在每件事情上多问几个问题，在思维上要善于思考，要勇于探索，要把问题引入课堂，增强问题意识，这是培养学生创造力重要且有效的方法。

1.鼓励提问，培养学生的创新意识

　　教师在课堂上提问时，他们常常什么都不问。这说明了学生在学习过程中依然是消极的、被动的。学生之所以不能提出高品质的问题，一个很重要的原因就是他们不能积极地思考，就像孔子说的，"学而不思则罔，思而不学则殆"，也就是说，自古以来，就不乏敢于发问、善于提问的人。只有勇于提问，才能不断地提高自己的学习

能力，不断地充实自己的知识，为人类的发展做出杰出的贡献。但是，在实际操作中，而更多的是以教师的提问和学生的答案为主。教师们不懂怎样熟练地提问，但他们懂得怎样使他们有勇气提问和善问。他们应当明白提出问题的必要性和重要性。

教师在面对学生的问题时，常常会有"两种担心"：一是担心自己的教学策略会被打乱；二是怕自己不能回答问题而影响自己的形象和名誉。这样，教师就不能激发学生的好奇心，也不能对他们进行打压。因此，必须摒弃传统的"一言堂"教育思想与方法，更新教育观念，构建和谐的师生关系。要营造一个民主、平等、和谐的学习氛围，培养学生的思考能力、提出问题的能力。

在实际操作中，要尊重学生的学习热情，以平等的态度与他们进行沟通，并对他们提出的问题进行认真的解答。当学生提出一些不合理的问题时，首先要确认他们的积极性，并协助他们分析不合理的理由。这样，问题就会被自觉地记在每一个学生的脑子里。此外，让学生在提问的量和质上进行较量，不但能激发他们的好奇心，而且能激发他们的自信心，使他们从"想学"变成"要学"。

2. 引导提问，培养学生的质疑能力

明代学者陈先昌曾说过："小疑则小进，大疑则大进，疑者觉悟之机，一番觉悟一番长进。"但是，要想发问却不是一件简单的事情，尤其是关于创新的问题。这是因为，问题的威力和问题的新奇性和创造性，能反映出一个学生的思维深度和知识层次。所以，在指导学生学习问题时，要特别重视培养学生的基本问题。关于这一点，我们将对下列问题进行讨论：

（1）因果法。

当我们学习物理学时，我们常常会问，我们所见到的一切物理现象是如何产生的？举个例子，在我们坐火车的时候，我们从窗口看到了远景和近景，看到了前面的树木，看到了后面的树木。有风的时候，为什么湿的衣服会比没有风的时候更容易干燥？凸透镜为何能聚集太阳光线？为什么磁石会吸引铁？

（2）对比法。

将同一对象的不同部位或对象的各种现象进行对比，或者将矛盾的解释、陈述或理论进行对比，可以发现与科技革新相关的问题。比如，在光学史上，仅用几何光学的现象域就能很好地解释波和粒子论。而在这个范畴之内的现象，则证明了两个相对假设的预言。哪个假设是对的？这就产生了一个有待深入研究的问题。

（3）联系法。

分析物理物体的关系，是一种解决物理问题的方法。比如，在法拉第的理论中，他从电与磁之间的对称性入手，提出了这样一个问题：既然电流可以制造出电，那就一定可以产生电流吗？"在工作了十年之后，他最终发现了法拉第关于电磁感应的理论。

（4）矛盾法。

物理和理论的冲突是用来解决问题的。比如，按照亚里士多德的运动原理，一个物体在重力作用下坠落的速度是成比例的。事实上，在同一时间同一高度，两个不同质量的物体自由坠落，并以同样的速度坠落，这就产生了这样一个问题：是哪些因素影响了物体坠落的速度？

（5）变化法。

如果一个物理过程的起因改变了，会怎样呢？从一次状态到二次状态，这是怎样改变的？在做练习的时候，可以用已知的和不知道的交换来解决问题吗？提出这些问题就是改变现状的途径。如此发问，即是变化法。

（6）反问法。

如果反其道而行之，问对了又会怎样？比如，在没有任何外力的情况下，所有的物体都会保持不动或直线运动。反之，一个物体在静止或在一条直线上移动时，会不会受到外力的影响？

在教室里，教师能给学生提供提问的机会。

他们可以在课前 5 分钟进行个人口头提问，课前个人笔头提问，课堂上小组讨论笔头提问、同桌提问、班级举荐提问。问题越困难，越能让学生参与。如果你能将学生的问题当作自己的教育之源，那么，问题就会非常吸引人，而且是必不可少的。科学地将问题归类，反思问题的价值，在课堂上引述课堂上所谈到的问题，对于突如其来的问题，加以借鉴或冷落，并对所提问题进行归纳、及时表扬，能激发学生的学习兴趣和热情。是的，他们想得更深、想得更多，因为他们的思想发展得更深。

鼓励和引导学生发问，使他们勇于发问、善于发问，形成良好的问题习惯，从而使他们能够独立思考、发现问题、解决问题。这样，学生才能真正地参与到教学中去，在探究问题的同时，培养自己的创造力。

（三）深挖教材，改进教法，培养学生的创新能力

创造能力是创新思维的重要组成部分，因此，要培养创新思维，必须运用创新思维的训练方法。

1. 把教材的知识结构与学生的学习结构有机结合起来

把知识传递与思想培训相结合。在备课过程中，教师要从知识传递和技能训练两个层面进行知识结构的分析，明确教材的主题、关键点、知识点、知识网等。同时，要把握好学生的学习节奏，了解学习的基础、认知能力、思维能力和心理特点，使学习结构和课本的知识结构相统一。

在教学的过程中，教师并没有把学生带入知识的世界，而是把他们从知识的世界

中带出来。因此，在教学过程中，教师必须寻找一种能激发学生积极思维的途径。常用的方式有以下几种：

（1）探究法。

把课本上那些杂乱无章的概念变成问题，让学生用科学的思维方式来检验。举例来说，两个很容易被混淆的概念，即力的大小、方向、作用点，以及作用力的物体。

（2）自学法。

根据学生的学习结构特征，将简明的教学内容留给学生自己去探索，使他们能够自主地获得知识。

（3）发现法。

运用启发性的问题和试验来制造悬念，鼓励学生扩展发散式思维，归纳总结，从而产生创造性的学习。

（4）精讲法。

课本中学生的发问难题，教师运用通俗易懂、明晰、合理化的方法，使学生获得知识的思路变得通畅。

（5）实践法。

为学生设计附加的课堂实验，让他们自己动手、动脑子、观察、思考、找到规则、得出结论。

2. 运用物理学史资料，让学生体验和学习科学思维方法

物理学的特色在于，很多科学家都是历史上的一分子，他们的探索精神、奉献精神、坚忍不拔的精神，给了他们极大的启迪，同时也反映出了科学的认识论和方法论。

在物理学中，有很多例子，比如法拉第的电磁感应、汤姆森的电子发现、阿基米德的浮力原理。在物理教学中，教师要善于揭示物理工作者的思想历程，即重现知识的生成与发展，并引导他们循着以往的思维轨迹，让他们能够充分地感受到科学家的聪明才智和创造性的成功之道。其能很好地促进学生的创造性。

3. 打破思维定式，培养发散思维

发散思维是一种高度灵活的思维模式，其以已有的知识、经验为基础，从不同的层面、不同的视角去探索，探索新的、多样的方法与结论。因此，在物理教学中，要做到循序渐进地培养学生的思维能力、思维方式和习惯，必须做到以下几点：

（1）消除思维定式的消极作用。

在回答物理问题时，大学生的思维方式常常是"死公式"，思想不够开阔，难以"标准化"课本上的问题。所以，不但要说明"正式"的问题解答，还要培养他们从多个方面来考虑问题。不然，僵化的思考不但令人厌烦，而且有时还会使人产生错误的结论。

（2）通过一题多解，培养发散思维的能力。

通过多次问题的求解，可以使学生从多个方面进行分析与解决，并促进创意思考的发展。这是一种很普通的方法来训练学生的发散性思考，其不但可以使他们的知识得到更大的运用，而且可以满足他们的好奇心，激发他们的兴趣。

（3）通过一题多变，变单向思维为多向思维。

在复习课和习题课中，适当地使用多元的分析方法进行问题的处理，能开拓学生的思维，让学生的知识结构实现网络化，让学生思维更加灵活，更加可以变通，更加具有创造性，从而得以全面发展。

4. 正确处理好发散思维与收敛思维的关系

创新思维并非一种思维方式，而是一种新颖、灵活、有机地结合的发散思维与收敛思维。发散式思考与收敛式思考是对立和统一的，它提供各种假设、猜想和解法，而收敛式思考提供了解题思路。比如，设计一套测试空气中声音传播速度的程序，引导学生运用已学到的知识，进行分散思考，设计出不同的方案，再进行收敛式思考，即指导学生对不同的方案进行对比、筛选，最终选择最优的方案，让学生使用。

三、扎实开展课题探究是培养创新能力的重要途径

（一）注重课题探究，培养创新能力

探索性与接受性是两个基本的知识获取途径。当前物理教学中存在着太多的"接受式"，学生的亲身体验太少，这不仅影响了学生对知识的理解和掌握，还影响了学生的创造力。心理学的研究表明，能力是由活动产生的，而各种能力只有在相应的活动中才能得到发展。培养学生的创造性，需要对某些问题进行研究。在这种情况下，学生在探究活动中要享受科学的快乐、体验科学探索、接受科学价值观教育等。在教师所创造的现实环境中，学生会发现并提出问题，做出合理的猜测和假定，再由他们自己设计研究计划，用自己的大脑去思考，去证明自己的猜测，最终找到一些物理现象和定律。研究的基本过程本质上就是一种科学的思考过程，在各个阶段都渗透着思维与想象的有机结合，体现了科学方法的运用。在物理教学中，如果让学生根据这个过程进行探究，充分调动学生的学习兴趣，既可以提高他们的创新意识，又可以提高他们的创造力，让他们掌握科学的知识，让他们学会科学的方法，并让他们亲身经历科学的研究与解决问题的过程，从而形成一种实事求是的科学态度和勇于创新的科学精神。

（二）从实际出发，选取切实可行的探究课题

探究课的选择对学生创新能力的培养起着决定性的作用。所选取的题目并非来自无根之水，而是在物理课程中有其根源，并在其基础上加以发展。比如，教授噪声的危险与控制，再到本地菜市场附近的住宅区进行噪声检测，这些都源于教室的教学。选择题目要综合考虑到学生的知识、能力、调查时间、材料等因素，不能脱离学生的实际状况，也不能脱离本地学校的特征。

第四节　物理教学中学生创新能力培养的策略

一、进行有效的物理教学模式创新

要使学生的创新思维得到有效的发展，必须抛弃传统的物理教学方式，对物理教学模式进行真正的改革与创新。在充分结合实验和创造性的基础上，对物理教学进行优化，把学生的认识特征和物理规律结合起来，在尊重学生的主体地位的情况下，让他们有机会展现自己，通过不断的讨论和交流，逐渐发展他们的创造力。在教学中，教师会主动地引导学生表达他们的想法，并以对物理的依赖为基础，逐渐培养他们的创造性。

（一）重视实验教育，完善教学设备设施

实验是物理和实践的前提。通过物理实验，使学生能够更好地了解物理现象，激发他们的学习兴趣和积极性，从而提高他们的科学素养，激发他们的探索精神和好奇心，从而促进他们在物理教学中的创造力。高校要实施新课程改革，加强物理教学设施的投入，加强硬件设施的建设，加强对学生的全面素质和创造力的培养。在此阶段，教师要把原来的物理演示实验转变为动手做实验，教会学生动手动脑，增强学生的感性意识，培养学生的观察与动手能力，让学生从被动学习变为积极探索，从而提高学生的创造性和思考能力。

（二）借助多媒体技术，更新教育模式

随着现代教育技术越来越多地被应用到教学中，多媒体课件在教学中的作用也日益明显。应用多媒体信息技术辅助教学，能有效地激发学生的学习兴趣，使学生产生强烈的学习欲望，从而形成学习动机，主动参与教学过程；使课堂信息量加大，这样

的教学方法是非常有效的，学生可以轻松地理解课堂的重点和难点，并且可以进行互动的讨论。将多媒体技术应用于高中物理教学，能够很好地促进学生的创新思维。物理教师要充分利用多媒体技术，使学生对物理实验、物理现象、物理知识有更直观的认识。新的物理实验教学方式，既拓宽了学生的视野，加深了他们对物理的理论知识和实际操作的认识，也有利于培养学生的创新思维，有利于学生的全面发展。

（三）设计教育情境，培养创新能力

在新课程改革视野下，情景教学是一种独特的教育方式，通过教学情景的设计，可以让学生对物理知识有更多的了解，同时也可以培养他们的创造力。在有关自由下落的知识传授中，教师可以运用伽利略的自由下落法进行情景式教学，培养学生的创造性。在物理实验初期，教师可以引导学生思考，例如，什么是影响物体实际下降速度的因素？此时，同学们说的是物体的真实重量，物体的重量越大，它的下降速度也就越快。在完成思考后，教师可以根据这些结果，对自己的结论进行讨论，以验证自己的观点。然后，教师可以将足球和篮球结合起来，进行具体的试验，让篮球和足球在同一高度上自由落体。而篮球的质量比足球要大，通过这个试验可以证明，物体的实际下落速度与质量没有关系。为了保证实验的科学性，教师可以在不同的高度放置同样质量的篮球，得出的结论是，高度较低的球会率先着地，而自由落体则会随着时间的推移而发生变化。通过情景教学，可以使学生在知识的获取中充分利用自己的创造力。

（四）构建智慧课堂，减负增效

物理教育要考虑"减负""增效"，确保高校的教学质量和进度。只有更加科学、合理的选择上，才能实现"减负"和"效率"的统一。在备课期间，教师要结合教学大纲和学生特点，制订教学计划，做到针对性强。在课堂教学中，要根据学生的弱点和容易出错的特点，进行有针对性的讲解，真正做到解惑。在教学中要促进师生间的互动讨论，把原来的知识灌输转换为交流式的研究，从而培养学生的创造性。而在课后作业的设置上，教师要真正地尊重学生的不同，在保证学生的物理学习质量的同时，也要避免无谓的努力。例如，物理教师可以根据不同学生的专业能力，将他们分为不同的小组，根据不同的学习需要安排不同的作业，从而促进每个人的成绩和能力的提高。

二、提高物理教师的综合素养

作为一名教师，在课堂上要充分发挥教师的作用，这样才能培养学生的创新思维。教师不仅要有较强的物理综合素质，而且要不断地提高自己的综合素质，要不断地学

习先进的物理知识，提高自己的专业技术，不断地更新自己的教学方式和方法，使学生充分认识到创造的积极作用，从而增强他们的学习积极性。

（一）提升教师对教育理论的认识，树立正确的学生观

教育理论是一套教育观念、教育判断或命题，通过一定的推理方式，对教育问题进行系统化的表述。首先，教育概念包括教育概念、教育命题、推理等。如果没有关于教育的观念和要求，仅仅是对教育现象的一个系统的描述，那么，即便是系统的，也仅仅是一个关于教育现象的说明。其次，教育理论是对教育现象和现实的一种抽象的总结。从本质上讲，理论要比实际的事实和体验更为重要，因为它们是一种形式的描述体系，但是其内容却是对教育的现实与体验的浓缩，并非直接地反映了教育的现实与现象，而是间接、抽象地反映了这些。最后，教育思想具有系统性。如果没有某种逻辑上的辅助，一个单一的教育观念或教育主张，就不会形成某种体系，它只能是一种零星的教育观念或教育观念，甚至是对事物的普遍反映，都不能成为一种教育理论。

科学的教育理论对教育的决策起到了引导作用，对教育实践起到了一定的规范作用。具体而言，人的行为是由思想决定的，而教师的教学行为也是由思想决定的。教育思想的确立是以教育理论为基础和先决条件的。在教育实践中，要合理地选择教育模式、策略和方法，必须从教育实践的角度出发，合理地进行教育改革。任何与教育规律背道而驰的教育活动，都会在实践中遭遇种种问题，使其不能达到其终极目的。同时，在教育实践中，教育行为的有效性与正向性，还需要教育工作者对教育行为进行反思，并在教育理论的引导下，从理论上加以剖析，寻找其根源，从而提升和拓展教育主体的理性。

因此，教师在教学中既要注重积累教育经验，又要注重教学理论的研究。只有以理论为指导，把实践提升到理论水平，我们才能不断改进自己的教学行为，并为广大教育工作者提供可以借鉴的宝贵经验。

学生的主体性是大多数教师都认可的，但是要使学生的主体性在课堂教学中得以体现，还必须有对学生有一个正确的认识。学生是主动的，是学习的主宰，不是装知识的容器。教育的目标是培养人才，而不仅仅是为了上大学或者获得学历，也不是只为少数人提供精英教育。要相信每个学生都有自己的探索和收获的能力。要把重点放在每一个学生的能力提升上。要相信每一个人都有潜能，而创新思考的培养并非只是少数精英学生的专利。在课堂教学当中，培养学生的创新思维能力并不只是一小部分。在教学过程中，教师要注重对学生能力的培养。另外，教师是主导，应该对学生放手，如果不能让他们自由，不能指导，就会失去教师的主导地位。

（二）加深教师对物理教学的理解

物理教学既要教基础知识，又要注重学生的兴趣，使其主动投入到教学中去，从而提高其创新意识、基础知识和技巧。新课程标准把物理教学的目标划分为三部分：知识与技能、过程与方法、情感态度与价值观。这就更加明确了，教育是以促进学生全面发展为目标的。要达到这个目的，就必须进一步认识物理教学。

第一，除与考试大纲有关的课本内容外，还应注意物理学历史、物理学规律的阐明过程、物理学研究的主要方法、解决问题的方法和思路、我们周围的物理现象和热点问题。

第二，让学生有充分的时间和空间去经历科学探索，运用物理学的基本理论和方法去解决某些实际问题。鼓励学生进行协作，并鼓励他们敢于表达自己的观点。鼓励学生从理论上分析自己的观点是否正确，不要盲目地否定教材中的观点，而是要培养他们的思考方式和思考的态度，而不要盲目地相信权威。

三、有利于培养学生创新思维的教学设计方法

（一）灵活运用理论知识

在进行教学设计时，教师要明确学生的创新思维目标，并在教学中采用合适的教学手段，自觉地培养学生的创新思维。

1. 拆分法

换句话说，通过将复杂问题分解为简单问题来研究，此法即为拆分法。

物理是一门很难的科目，学生在遇到复杂的物理情境时，常常会产生畏惧心理，对所学问题知之甚少。教师可以把一个复杂的情景分成几个小的，然后指导学生去学。这样，很多学生就会觉得自己有了一个开始，也有了一个思路。简单的场景还能让学生更好地把自己的知识构成成分联系起来，从而进一步发展自己的观点。例如，回旋加速器可以分成电场加速段和磁场旋转段。这是由于这两个部分可以很容易地和学生的知识结构相结合。由于这两个部分都在学生的知识结构中，他们更容易产生联想：该怎么做，才能让粒子的速度更快，以及如何解决这个问题。

学生在学习问题时，很难从根本上思考，也很难有创意。所以，把复杂的问题分解为一些简单的问题，可以帮助学生对问题进行深刻的理解和思考，并能激发学生的创新思维。

2. 归类法

归类法即把有各种特征的研究对象分类。

在物理教学中，存在着与之相近的学科特点，能够指导学生对其进行分类。比如，在某些常用的磁场设备中，会产生类似的磁场，从而帮助学生归纳出哪些设备能产生均匀磁场，哪些设备能产生与地球磁场类似的磁场。

通过对某些具有类似性质的物体进行分类，可以使学生展开理性的想象，找到不同的相似性，从而打破思维的限制，提高其创新能力。

3. 类比、对比法

将同一情境下的问题进行类推，而与之相对的问题则进行类推，此即为勒类比法或对比法。

由学生所熟知的情境激发出对相似或对立问题的反思，能促进学生的创新思维。在课堂教学中，可以指导学生进行对比，找出相同的地方，并进行恰当的类比。也可以将反面的情形进行比较，找出差异，进行恰当的对比。比如，一个在弯曲运动的垂直平面中的一个圆，可以指导学生分析一个物体通过内部轨道最高点（比如过山车）的情况，它有哪些相似的情况，有什么相同的情况，让学生思考。

通过类比、对比等方式，可以使学生从一个问题中产生联想，并不断地提出新问题，并试图加以解决。在此过程中，有利于培养学生的创新思维。

4. 实践法

也就是说，在一个特定的问题上，通过不断的探索，把所学到的知识和方法运用到实际中去。

问题的解决并非一朝一夕之功，在解题的过程中，学生要不断地摸索和总结、纠正自己的错误，从而促使创新思维得到发展。所以，在教学过程中，要正确地引导学生从错误、失败中吸取教训，并积极开发各种不同的解题方式，以促进学生的创新思维。比如，在进行实验时，可以让学生分析需要完成的部分，以及所需的设备。这些设备在进行试验时会出现哪些问题，以及怎样进行调试才能解决。

当学生遇到难题或瓶颈时，往往会失去自信，从而放弃对问题的探究，转而采取某些已有的方法。教师若能多创造一些情景，让学生在学习过程中不断地尝试各种方法，并能在其遇到困难时给予鼓励和正确的引导，从而使他们更好地去探索新的问题。长期来看，这有助于培养学生自信心，培养创新思维。

（二）提出创造性的问题

在课堂教学中，提问是师生交流的重要手段，有效的提问可以激发学生的积极思考，并使教师更好地理解学生的思维发展。在教学过程中，教师要充分发挥这种作用，激发学生的学习动力，从而促进学生的创新思维。根据思考的本质，可以将问题大致分成两种类型。一是"软性"问题，也就是"开放问题"，这种问题不会只有一个正确的回答。二是刚性问题，也就是封闭问题，这种问题一般都是回答一个，而且这个问题的答案是固定的。所谓的"创造性问题"就是教师会问一些不确定的、可以引起学生思考的软问题。

当学生试图去解释一些物理现象，或者去探究、证实一些物理定律的时候，教师可以让他们去寻找更多的答案。比如，当学生学习动能理论时，教师可以让他们列出自己所需要的所有实验方法，这些方法可以证明学生的力量和学生的运动动能的改变，以及学生对这些数据的处理方法等。

当他们达到一定的水平，并了解了物理和实验仪器的用法之后，教师就可以让他们列出这些仪器的用途。举例来说，教师可以问他们如何使用标点定时器，或者如何利用动量守恒定律进行试验；也可以要求学生列出动量守恒定律在物理场景中的应用。

通过对物理学定律的试验和研究，学生能够运用自己的想象力去猜测事物的发展方向。举例来说，在学习组合动作与分离动作的时候，学生可以推测出一个物体在两种动作中的移动。

在物理中，很多概念彼此联系，很容易被混淆。比如，在运动方面，它们包含了距离与位移、速度与速率、平均速度与平均速率、速度变化量与速度变化率、加速度增大等。

有时，研究对象所呈现的现象，其成因也是多种多样的，因此，可以让学生探究其成因。比如，带电体在复合场下，学生可以根据不同的运动状态，分析其产生的原因，从而判断复合场的构成状况。

教师在提问的过程中还应注意以下问题：

首先，教师的提问要与学生的知识和人生经历相符。教师所提问题要与学生所掌握的知识系统相对应，使其能够以现有的知识为基础进行思维，而不能使学生的思维成为一种空想。学生在使用现有的知识进行思考的时候，能够加深对原有知识的理解，而且还能根据自己的思路进行分析和解决问题。其次，教师提出的问题要结合学生的实际情况，才能让学生产生学习的兴趣，从而提高他们的学习热情。举例来说，重物与轻物下落的速度，在发现与理论不相符的情况下，会使他们产生更深层次的思考，进而了解忽视次要因素的研究思路。如摩擦、惯性、相互作用力的研究，尤其是对静态摩擦的研究，使学生能体会到物理在实际中的作用，并能更好地进行深度的思考。只有通过这种方法，学生才能从死板的教学模式中走出来，形成一个物理环境，建立一个物理模型，从而激发学生的思考能力，以及培养学生的思维能力。

其次，教师提出的问题要有启发意义。教师对已经讲过的知识进行简单重复的问题，仅仅是一种检验学生对所学知识的记忆状况的一种方式，并不能说明他们已经掌握了所学的知识，也不能有效地促进他们的思维。所以，教师的问题，不能从课本或者笔记中得到，而是要让学生去思考，去利用自己所学到的知识和方法去分析。

再次，教师要设置水平和提问。学生常常无法马上发现新的知识和问题。这个阶段，教师要给学生打下坚实的基础，先介绍一些简单的问题，再循序渐进，由浅到深。如果课堂上出现的问题超出了他们的能力范围，他们就会停止寻找切入点，这与他们的提问目标背道而驰。所以，在较困难的情况下，我们可以把它分成几个等级，从简单到困难，从而让学生的思考能力逐渐加深。这样才能达到对学生创新思维能力的培养。

最后，要培养学生的独立思维和发问能力。

教师提问时，同学们都在思考，但都是被动的，教师的思维逻辑会指导他们。当然，这一步也很关键。但是，要真正提高学生的自主思维能力，最好的办法就是让他们多问几个问题。因此，我们要鼓励学生去问一些非常有创造性的问题，即便那些问题并不严格，也要帮助他们提高。因此，要鼓励学生提问，尤其是富有创意的问题，即使问题中有一些不严谨的地方，也要加以鼓励和改进。

教师的问题是影响学生思考的重要因素。如果教师只对"是否"这个问题进行评判，那么学生就会习惯性地去揣摩教师的口吻和用意，而他们的思维也会脱离问题本身。教师提问时，若以问答形式提问，则会使学生养成死记硬背的习惯。如果教师提出的问题能够激发学生的思维，并激发他们的创意，那么他们很有可能会想出点子。即便创意不能很好地开发或者不能有效地解决已有的问题，它也能促进更多的创意思考。

（三）布置培养创新思维作业

"作业"这个词语在家庭作业中的意思是创作，它的意思是"提示"或者"执行"，所以作业实质上应当是"创造学习"。教师提出的问题既要满足课程要求又要有学生的水准，还要学生积极参加，鼓励他们根据自己的观点来得出各种答案。创新思维作业要具有多样、刺激、富有挑战性、全面性等特征。

创新思维作业不能一成不变，要灵活多变，可以采取回答、口头陈述或试验等多种方式。比如，当你学会了一种知识之后，你可以想象一下你生命中的什么现象可以被这个知识解释。可以把这个现象告诉学生，说明它的原理，让学生参考，让他们有充分的时间来学习。而且，这个问题的回答并不局限于一个肯定的结论，还有很多种可能。根据学生的能力，有很多种不同的表达方式，没有对错的区别，这样就能解决个人的问题，并消除沮丧，因为他们都想从自己的回答中找出原因。举例来说，在研究动作组合与分解时，可能会被要求对某一动作进行分解，但是答案并不唯一。此外，还可以让学生自行组合两个小节。另外，教师还可以设计一个试验来检验合成与分解的正确性。比如，你可以让学生为达到特定的试验目的而制订一个试验计划。

创新思维的挑战是要让学生主动收集、思考、发挥想象、发展综合思维、解决问题的能力。要能引起学生的兴趣，能主动收集材料，进行思考和讨论；作业要充分发挥学生的想象力，提高学生的综合思考和解决问题的能力。学生也许不能很好地了解这些原则，但是在思维的过程中，他们可以了解问题并将其带回家。例如，在学习向心力前，可以安排学生进行一些试验，如怎样使"水流星"工作，或在崎岖不平的路面上有没有阶梯或凹坑，使他们感到更多的颠簸。

创新思维的任务不能仅仅是一个让学生感到乏味的问题，它要求学生运用各种知识和方式来解决那些激动人心、充满挑战的问题。你可以运用已有的知识去研究一个问题，给予他们一些忠告或者恰当的指引，但是也要让他们知道，不要超出自己的权限范围。比如，在开始研究发动机问题前，教师可以让学生了解汽车挂挡的功能和起步时的最大速度极限。

作业是课堂教学的一项重要内容，要与课程紧密结合，教师布置的作业不能仅仅是走个过场，而是要把教师布置的作业反映到课堂上。教师在教学中所设置的创新任务不仅要体现在教学活动中，还要体现教学过程中所设置的任务反馈。而所设置的任务应该是与教学紧密结合的。教学实践中存在着很多有趣的现象，因此，教师要根据学生在不同的学习阶段所掌握的知识、思考的能力，在恰当的时间选择恰当的现象，并合理运用。选择恰当的时间、恰当的现象进行研究，使其与学生在不同的阶段所学到的知识和思考能力相匹配。

作业不必马上让要求学生给出答复，要给学生留出足够的时间来思考，同时也要鼓励学生收集大量的有关资料。教师不能脱离课堂教学，要和学生共同努力，不越界，并给予恰当的指导。在讨论时，要敞开心扉接受学生的不同观点，多夸奖他们的优秀回答。

第八章　中职物理教学与学生能力培养

第一节　中职物理教学困境及突破策略研究

中职物理是中职阶段学生的一门基础公共课程，对学生物理素养的形成与发展起着极为重要的作用。但是纵观当前现状，中职物理教学存在这样那样的突出问题，导致中职物理教学现状不容乐观，学生的物理素养也难以得到有效锻炼与发展，显然这并不利于学生的和谐进步。身为一名中职物理教育工作者，笔者立足自身的物理教学实践活动，积极探索与分析，初步梳理并总结出当前中职物理教学所面临的尴尬困境，以此为前提笔者又在物理教学实践活动中进行了积极的尝试，找到了有助于中职物理教学摆脱尴尬教学现状的有效应对策略与方法。以下笔者结合自身的物理教学实践活动，围绕中职物理教学困境及突破策略这一主题发表个人的认识与见解。

一、中职物理教学面临的尴尬困境

认真观察当前中职物理教学的实际情况，我们可以发现其主要面临三个方面的尴尬问题，导致当前的中职物理教学处于低效甚至是无效的尴尬困境。

（一）中职物理教学不受重视，学生的学习积极性不高

中职阶段的学生都有自己的专业课程，在中职学生看来学好自己的专业课程，日后能更好地工作、生活即可，至于物理这一公共课程所学到的知识反正在工作实践中不会用到，因此学不学习都无所谓，学成什么样也对日后的工作、就业与生活并无大的影响。在这一错误理念的引导下，相当一部分学生对中职物理这一课程缺乏学习的积极性。中职物理教学不受重视，成为制约中职物理教学效率难以提升的重要原因之一。

（二）面向学生实施统一教学，未能考虑学生的实际差异

我们可以看到，当前中职物理教师很多时候未能做到立足学生差异划分层次并对不同层次学生进行针对性的教育，很多时候他们面对所教授的学生采用统一的教学标

准，在各个教学环节也采用相同的、统一的教育教学策略与方式方法，未能考虑学生实际所具备的物理学习差异，这便导致不同学生的物理学习需求难以得到应有的尊重与满足，其物理学习热情因此大受制约，且最终的物理学习效果也不甚理想，这也是中职物理教学效率不高的一个重要原因。

（三）中职物理局限于知识教学，未考虑到学生德育渗透

在相当一部分中职物理教师看来，只要自己将教材中所包含的物理知识点一一讲解与传授给学生即可，无须对学生进行德育的引导与渗透，这其实是一种较为错误的教育理念。德育是各学段、各学科教师都应当担负起的教育职责，都应当立足自身的学科教学实际，积极挖掘教育资源，对学生进行有意识的德育渗透与引导，而不能将德育一味地推给思政教育工作者。很显然，中职物理局限于知识教学未考虑到学生德育渗透教育需求的方式方法，也使中职物理教学效益及其质量大受影响。

二、中职物理教学改善现状的有效策略

在意识到并明确了当前中职物理教学所存在的突出问题之后，笔者认为中职物理基层教育工作者可以尝试从三个方面入手有效提升高职物理教学的效率及其质量，帮助中职物理教学工作摆脱低效甚至是无效的尴尬局面，从而推动学生在优质的、高效的物理教学活动中收获物理知识及其物理素养的均衡进步与发展。

（一）给予中职物理教学以重视，激发学生的物理学习热情

诚然，中职物理并不是中职阶段学生所学的专业课程之一，但是其对帮助学生理解现实生活中所遇到的各种物理现象，并能用科学的视角应对与解决有着至关重要的影响及其意义。作为中职物理教师，在日常的物理教学实践活动中应当有意识地向学生强调物理学习所具有的重要性，以此让学生感受到物理学习并不仅仅只是为了应付考试，更重要的是其具有切实的必要性与学习的价值，这样学生内心的物理学习热情才会由此得到充分的激发与调动。

例如，在教学"力的合成与分解"这一节物理知识时，笔者便有意识地向学生设置了如下问题：上海南浦大桥，其桥面高达 46 米，主桥全长 846 米，但是其引桥总长却长达 7500 米，大家知道为什么如此高大的上海南浦大桥要造如此长的引桥吗？这一问题的提出让学生一时不知道如何解答，趁着学生好奇心强烈，笔者告诉学生之所以这样设计是因为想要减小汽车重力平行于引桥桥面向下的分力，以让行驶在上海南浦大桥上的车辆及其行人更加安全。听到笔者如此解释，学生恍然大悟，原来我们所学到的物理知识并不是仅仅停留在物理教材上，也不仅仅只是为了应对几次考试，

而是切切实实存在于我们的实际生活中。正是有了物理知识的科学辅助与支撑，我们才得以建造出规模如此宏大，同时安全度又极高的上海南浦大桥。这一认知的形成促使学生积极调整自身的学习状态，不再轻视物理知识，相反，以积极的姿态进入物理学习活动中，这对中职物理教学的有效组织与高效开展显然大有助益。

（二）立足学生差异划分层次，予以不同层次学生有针对性的教育

中职阶段的学生，虽然学习基础整体较弱，但是这并不意味着所有的学生物理学习基础都是完全统一的，其依然存在基础不同的实际情况。也正因为如此，中职物理教师在教学实践中应当有意识地正视与尊重不同学生所具有的物理学习基础上的差异与物理学习习惯，以及其接受能力等各个方面存在的不同，并针对这些实际情况，将学生大致划分为不同的层次，面向不同层次的学生予以针对性的物理教学与引导。

笔者中职物理教学实践活动中就将全班学生大致划分成三个不同的层次，其中 A 层次的学生物理学习基础较为薄弱，理解能力也较差；B 层次的学生物理基础趋向于中等，理解能力与接受能力也都处于正常的水平；而 C 层次的学生物理学习基础相对较为扎实，他们的物理学习需求已经不再单纯地满足于教师物理课堂教学活动中所讲解的基础物理知识点，而是有着进一步的物理个性化发展的学习需求。而在明确学生所属的层次之后，笔者便能面向不同层次的学生采取不同的物理教育教学与引导。

特别需要指出的一点是，在面向学生划分层次的时候，笔者所采取的是隐性分层的原则，即不将学生所属的层次明确告知于学生，仅仅只有自己知道，而且这一划分层次并不是固定不变的，而是根据学生的实际物理学习情况的发展与变化不断地调整与优化，以让所划分的层次更加符合学生物理学习的实际情况，也便于笔者在物理教学实践活动中有针对性地予以学生物理教育引导。

（三）寓德育于物理教学，促进学生德与智的共同进步与发展

面向学生进行德育渗透并不只是思政教师的责任与职责，我们每一学科的教师都应当积极担负起德育的重要责任。为此，中职物理教师在自身的物理教学实践活动中也应当积极发掘本学科所蕴含的德育资源，在向学生传授物理知识的同时，对学生进行良好的德育渗透，这种寓德育于物理教学的方式方法才能促进学生德与智的共同进步与发展，中职物理教学的效率及其质量也才能得到显著的优化与提升。笔者在中职物理教学实践活动中就很好地践行了这一观点，学生的反馈良好。

例如，在教学"牛顿第一定律"这一知识时，笔者没有局限于向学生讲解具体的物理知识点，而是有意识地向学生强调了亚里士多德关于力的观点"力是维持物体运动的原因"、伽利略关于力的观点"物体的运动不需要力来维持"、笛卡儿的观点"如果没有其他原因，运动的物体将继续以同一速度沿着一条直线运动，既不会停下来，

也不会偏离原来的方向"，以及牛顿关于力的观点"一切物体总保持静止或匀速直线运动状态，除非作用在它上面的力迫使它改变这种状态"。这一番不同阶段不同科学家关于力的不同认知与理解让学生大感意外，趁势笔者抓住时机对学生进行有效的德育渗透，告诉学生每一名科学家的观点都不是凭空形成的，而是在积累前人经验的基础上融合了自己的思考与探索，在进行大量的尝试与实验之后才得出来的，虽然除牛顿之外的其他科学家关于力的认识都存在不足与缺陷，但是他们不盲目顺从前人经验，而是敢于大胆创新、敢于质疑、敢于思考并勇于付诸实践去验证自己看法的精神，值得我们每一个人学习，正是因为这样，我们人类的历史才得以不断地进步与发展。如此一来，就很好地实现了物理教育与德育渗透两者的有机融合，使学生在收获物理知识的同时也得到了良好的品德渗透与教育。寓德育于物理教学，促进学生德与智的共同进步与发展，进而显著提升中职物理教学效率及其质量的预期目的得以真正落实，转化成为可期的实际。

任何事物的发展都不是一帆风顺的，而是在坎坷的探索与摸索中不断地进步与发展。我们中职物理教学同样也是如此。当前中职物理教学中存在这样那样的突出问题，使实际教学效果大打折扣，预期中锻炼与发展学生物理素养的目的也流于形式。但是，庆幸的是，我们中职物理教育工作者并没有因此放弃，也并没有一味地回避，而是在正视中职物理教学突出问题的基础上积极想方设法地加以应对与解决，这就使中职物理教学很好地摆脱了尴尬的处境与局面，收获了新生。在日后的中职物理教学实践中，笔者将进一步积极探索有效提升中职物理教学效率以及其质量的方式方法，以期学生真正能从物理教学中有所学、有所得、有所进步与成长。

第二节　互联网时代中职物理教学模式的创新与优化

现如今，基于我国科学技术水平不断提升的背景，信息技术在教学活动中实现了非常广泛的应用，从而使教学模式有了很大改革。在中职物理课程教学中，通过应用信息技术可以发挥出非常明显的优势，不但可以提升学生对物理课程学习的积极性与主动性，同时还能有效降低物理课程学习难度，对于提升中职院校物理课程教学水平有着非常重要的作用。对中职院校学生而言，物理课程属于一门基础性的课程，虽然与学校机械类专业之间没有直接联系，但是可以帮助学生对专业知识以及专业技能等进行全面掌握，在学生步入社会之后，可以为学生提供非常重要的基础保障。基于互联网时代发展背景，本节对中职物理教学模式的创新与优化进行了深入分析，并结合实际情况提出了一些有效的创新策略，希望能为相关人员提供合理的参考依据。

　　基于互联网时代发展背景，中职院校在开展物理课程教学时，通过应用信息技术，可以发挥出非常明显的优势。首先，信息技术可以对传统教学资源起到非常重要的丰富作用，对教学内容进行充分优化与完善，保证教学内容可以满足一定的多样性。另外，还能通过声、光、色等元素，将原本比较复杂抽象的物力知识进行转换，从而转变为容易理解且形象性的物理知识，从而在更大程度上提升学生对物理课程的学习兴趣。因此，中职物理课程通过应用信息技术，不但可以缓解教师在课堂上所面临的压力，同时还能为学生提供非常好的学习资源。因此，一定要加强中职物理教学模式的创新工作，从而在更大程度上提升中职物理课程教学水平。

一、中职物理教学模式创新与优化的重要性

　　现如今，在新时期发展背景，社会经济水平有了很大提升，也对人们的综合素质水平提出了更高的要求，而人的能力与素养主要是通过教育来实现的。因此，我国中职院校在开展各项教育工作时，要想实现人与社会的共同发展，就必须转变传统的思想观念，不断提升自身的创新能力，创新力属于人类高级形态的创新性思维，可以将人类智慧与能力充分体现出来。创新是一个时代得以发展的重要推动力量，目前，随着我国社会经济发展水平的不断提升，人们除了依靠资源与设备来开展活动，同时更重要的是依靠创新能力。通常情况下，对中职院校的学生而言，自身学习基础相对较差，并且自身还没有养成良好的学习习惯，在传统教学模式影响下，导致中职学生很难提升对物理课程学习的积极性。即便对物理课程有一定的学习兴趣，在学习过程中也经常会遇到瓶颈。因此，在互联网时代发展背景，中职院校一定要全面认识到物理教学模式创新与优化的重要性，通过加强课程改革工作，可以促进物理课程在内容上满足一定的多样性。虽然我国科技人员总量比较多，但是，创新力和创新水平与人数之间呈现反比例关系。结合相关的调查结果可以了解到，中职学生的创新水平比较低，很难达到国家所明确的教学标准。因此，我国对素质教育工作引起了高度重视，在人才培养工作中，一定要加强创新性人才培养工作。对中职教学工作人员而言，应该加强相应的探索工作，在中职物理课程教学中，不断提升学生的创新能力，并制定出创新性的物理教学模式。

二、目前中职物理课程教学中存在的问题

　　目前，在中职物理课程教学改革工作中，要想在更大程度上提升教学质量，首先需要对现有的教学模式信息进行优化与完善，同时对教学过程进行创新，从而才能培

养出更多的优秀人才。但是，结合目前中职物理课程教学实际状况来看，目前在教学过程中还存在着非常多的问题，具体体现在以下几个方面：

（一）学生学习基础较弱，水平差异较大

在中职物理教学改革工作中，所面临的主要问题就是学生基础较薄弱，同时在水平上存在非常明显的差异。比如，在初中学习阶段，大部分学生还没有形成良好的学习习惯，同时对物理课程学习没有形成较大的兴趣。后来在进入中职学习阶段之后，物理课程作为一门公共课程，导致很多学生没有认识到这门课程的重要性，因为受到传统教学理念的影响，学生认为应该以专业课为主，所以，在物理课堂上，很多学生会表现出一种厌学的学习态度，而这种态度将会直接影响到中职物理课程教学质量。

（二）教学模式单一，参与积极性有待提升

结合目前中职物理课程教学现状进行分析，除了学生知识水平与学习能力不高，学生参与到物理课程学习中的积极性也很低，这是目前中职院校物理课程教学中所面临的重点问题。导致这种现象产生的原因主要体现在以下两个方面：第一，因为受到学生本身知识水平与学习能力的限制，所以在课堂学习过程中，很难跟上教师教学进度，从而影响了学生的学习积极性；第二，中职物理课程所采取的教学模式比较单一，并且不够灵活，在传统物理课程学习中，比较关注的教学资源如下图8-1所示，从图中内容来看，大部分资料都是从教材或者是课本中获取。整个课堂教学活动中教师一直处于主导地位，而学生一直处于被动的学习状态，很难主动参与到学习过程中。

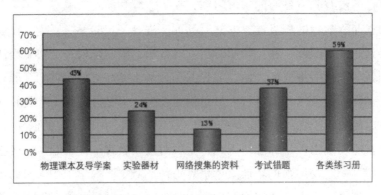

图8-1 物理学习中最关注的学习资源

（三）没有认识到物理教学模式创新的重要性

目前，存在部分中职院校领导人员没有认识到物理教学模式创新工作的重要性，对实际的教学情况没有进行抽查，同时也没有采取措施将物理课程教学效果与教师之间进行有效连接，在整个物理课程教学中，教师表现出了非常明显的随意性。另外，

还存在一些家长没有认识到物理课程学习的重要性，只是督促学生学习好专业课程，但是很少会提及物理课程，这就导致学生投入到物理课程学习中的时间相对较少。

三、互联网时代中职物理教学模式的创新与优化

（一）利用信息技术做好课程预习教学工作

通常情况下，对物理这门课程而言，本身所涉及的知识比较多，并且具有非常明显的抽象性与逻辑性，所以，大部分学生认为物理课程学习存在非常大的难度，学习起来很吃力。特别是在物理课堂教学活动中，虽然教师将知识内容讲解得非常详细，同时学生也很认真地听老师讲解，但是，因为物理知识非常抽象，再加上中职学生本身学习水平与学习能力比较低，所以在课堂上经常会跟不上老师讲解的进度，对于课堂上所学习到的知识，不能当时进行消化。这些问题的存在，严重影响了学生对物理课程学习的积极性与主动性，长此以往，学生甚至会对物理课程产生一定的厌倦心理。现如今，在互联网时代发展背景，针对学生跟不上老师教学进度这一问题，就可以利用信息技术进行有效解决。比如，教师在对"抛物线运动"这一物理知识进行讲解时，首先，在课堂教学工作开展之前，教师应该提前对教材中的内容进行全面了解，然后结合中职学生的学习能力以及物理素养，仅仅绕教学目标来完成教学视频的制作工作，同时设计出相应的教学任务，主要是明确课堂教学中需要帮助学生所掌握的知识内容。将学习任务与教学视频一起上传到云平台中，同时也可以直接发送到班级的微信群中，这样在课堂教学工作开展之前，学生自己就能对视频中的讲解进行观看，并完成任务单上所提及的任务。通过采取这种教学方式，可以保证在课堂教学活动之前，学生就能对大概的知识点进行全面了解，同时也能明确自己对哪方面的知识不够了解，从而在接下来的课堂教学活动中，学生就能充分集中注意力，有针对性地去听讲，当教师讲解到自己所迷惑的部分时，就能做到认真听讲。通过这种教学方式，学生不需要整节课都保持紧张的学习状态，而是有目的地去听讲，学生不仅不会感到疲惫，同时所学习到的知识，也能在课堂上做到全面理解。

（二）利用信息技术创设可视化教学情境

与高中学生相比，中职学生本身学习水平与学习能力都比较差。所以，在对物理课程进行学习时，当面对比较复杂与抽象的物理知识，很多学生经常会感觉非常的困扰，从而增加了物理教师授课难度。在传统的物理教学模式中，很多教师都是对知识点进行重复讲解，但是往往学生很难彻底了解透知识点，整个学习过程会感觉非常吃力。另外，中职学生在学习物理课程时，经常会存在一种抵触的心理，很难提升自身

学习积极性与主动性。因此，在面对这种问题时，对中职院校教学人员而言，应该实现对信息技术的充分利用，在此基础上为学生营造出可视化的教学情境，通过这种方式既能提升学生对物理课程的学习兴趣，同时也能将抽象化的物理知识以更加直观的形式体现出来。比如，在对"相对运动"这一物理课程进行讲解时，教师可以通过多媒体向学生展示人们在车内看外面风景的图画，通过这种方式可以让学生对物理知识有一个感性的认知，并将自己想象成车内的人。将画面展示出来之后，教师再向学生讲解什么是相对运动，并且相对运动有什么特点。通过采取这种动态化的物理教学方式，可以帮助学生以更加直观的方式来了解物理知识，从而改变以往比较枯燥的物理教学氛围，这对于提升中职物理课程教学水平有着非常重要的作用。另外，物理教师对于语言很难直接表达的物理知识，以立体式的画面呈现出来，从而方便学生更好地掌握物理知识。比如，教师通过采取动态化的教学方法，将导体中的电流形成原理呈现出来，同时展示出整个电磁波传递的流程，同时，可以用慢镜头的形式，将物理弹性形变的过程展示出来，从而营造出更加生动形象的教学情境，方便学生更好地学习知识与理解知识。

（三）利用信息技术提升物理实验教学效果

通常情况下，在中职物理课程教学活动中，实验教学部分属于其中非常重要的内容。通过开展高效的实验教学工作，可以帮助学生对物理知识进行全面掌握，对于提升学生物理素养有着非常重要的作用。但是，因为部分中职学校物理实验教学条件有限，另外受到物理教学时间方面的限制，导致学生实践能力一直得不到明显提升，很多物理实验无法在实际中进行操作。针对这种现象，中职物理教师就可以充分利用信息技术，比如，对于电压过大而造成电器被烧坏，或者是电路短路导致电源被烧坏，一般这种实验很难在物理课程上开展与操作。所以，教师通过应用信息技术，就可以将这些实验过程充分体现出来。另外，因为缺少足够的实验器材，也会对实验课程开展带来限制，而教师通过利用多媒体技术，可以将实验过程展现在学生的面前，从而有效解决因为实验器材缺少而带来的问题。通常情况下，物理实验具有非常明显的复杂性，在整个实验过程中涉及非常多的知识内容，主要包括物理现象及物理原理等，然而，很多学生在对物理知识学习时，很难及时掌握物理原理，而演示过程一般只进行一次，从而造成学生很难对物理知识进行有效复习。针对这种现象，教师在开展物理实验课程之前，可以制作相应的微视频，然后将微视频传输给学生，这样学生即便在下课之后，也能对视频中的知识内容进行反复观看，从而达到非常好的复习效果。

（四）加强学生动手实践能力培养

基于对中职学校学生实际特点进行的分析，教师在物理教学中应注意以下几个方面。首先，在开展教学工作时，应该考虑将教学过程与社会实际活动进行有效结合。通过利用信息技术，可以找出一些实际的案例，提升整个教学过程的生动性，同时也能激发学生对物理课程的学习兴趣。其次，在开展物理课程教学工作时，对教学工作人员而言，应该帮助学生认识并启发学生的学习动机，对于学习动机不够明确的学生，教师更应该对这部分学生引起重视，可以在心理上给予正确的指导，从而帮助学生形成强烈的学习欲望。最后，在对物理教学模式进行创新时，还应该对学生本身特点予以重视。

综上所述，基于互联网时代发展背景，中职院校在开展物理课程教学工作时的情况，教师应该加强对物理教学模式的创新工作，将物理教学与信息技术实现有效融合，可以促进中职物理教学工作向着现代化的方向不断发展。对中职物理教学工作人员而言，一定要利用互联网时代所带来的优势，对传统的物理教学模式进行创新与完善，从而为学生营造出轻松愉悦的课堂氛围，在更大程度上提升中职物理课程教学质量。

第三节　基于科技创新的中职物理教学质量提升策略

为提升中职物理教学质量，本节探讨了基于科技创新的中职物理教学质量提升策略。分析了当前中职物理教学中存在的问题：理论教学比重过大，专业技能培养较少，教师的信息素养和创新能力有限，未处理好理论教学和实践教学的关系。同时提出了基于科技创新的中职物理课堂教学质量提升措施：整合教学资源，引入科技创新内容，发挥互联网的优势，以大数据技术为媒介，科学收集与中职物理课堂教学有关的资源或科技创新内容，提取具有典型性、真实性、生活性的案例和事件；创设教学情境，激活科技创新思维，借助信息化手段，对静态化的课堂教学内容进行转化，以更加直观的音频、视频、图片等形式呈现；加强合作实践，提升科技创新能力，开展基于合作实践的物理课堂教学，在实践中穿插角色扮演、知识竞赛、物理创新成果展示、科技小发明等环节，教师以组织者和引导者的角色为学生实践提供理论指导、技术指导、经验指导，从而提高学生的物理学科核心素养。

科技与教育的飞速发展为中职物理教学的创新和改革创造了良好条件。在全新形势下，想要提升学生的物理综合水平，教师应以全新的眼光审视物理教学，把握学生的培养要求和专业需求，以提升学生的实践能力、创新能力、逻辑能力为目的，促使学生在毕业后能够成功就业；教师应以市场和岗位为导向，整合与拓展物理课堂教学内容，融入与当前社会发展相适应的科技创新内容和元素，以激发学生的学习兴趣和探索欲望，充分发挥信息技术的优势，为学生打造多元、直观、立体的课堂，立足于科技创新，全面创新和优化物理教学方法，运用学生喜闻乐见的方式开展课堂教学，增加师生互动和生生互动环节，确保物理教学质量和效率得到跨越式提升。积极进行物理课堂教学总结和反思，借鉴和参考较为成功的科技创新、物理课堂教学案例，构建适合学生能力发展、专业发展、职业发展的全新的物理课程教学体系。

一、当前中职物理教学存在的问题

（一）理论教学比重过大，专业技能培养较少

与传统教学不同，中职教学更加注重专业技能的培养。但受到传统教学模式和教学思想的限制，实际的课堂教学仍然偏向于理论知识教学，且部分教师认为学生的自控能力和思维能力较为有限，过多引入多样化的教学内容和科技创新元素，会分散学生的注意力，进而影响物理教学质量。因此，教师较少主动进行课程拓展和创新。理论知识与专业技能是相辅相成的，如果教师在中职物理教学中只重视理论知识的教学，缺乏专业技能的培养，将不利于提升学生的学习素养和学习兴趣，难以真正将科技元素和科学技术的相关内容融入当前教学中，难以激发学生的学习动力。

（二）教师的信息素养和创新能力有限

部分中职教师自身教学经验丰富，但其信息素养和科技创新能力有待提升，无法有效把握物理课堂教学、科技创新、信息技术之间的衔接点，难以根据学生的学习需求和发展需求进行课堂构建，教师与学生之间的交流不够畅通。部分教师为了活跃物理课堂气氛，花费大量时间进行物理教学内容的视频展示，但未结合学生的学习进度和科技创新需求，缺乏有针对性的指导和引导。因此，教师在信息素养的建设过程中，要与时俱进，与新时代的教育需求接轨，创新中职物理教学模式，激发教育活力，提升新时代中职学生的物理核心素养。

（三）未处理好理论教学和实践教学的关系

部分教师没有处理好理论教学和实践教学的关系，物理综合实践活动设计缺乏创新和创意。部分教师未考虑学生的层次差异和个体特性，缺乏个性化指导，不利于学生创新思维和创新意识的发展，这样会使中职物理课堂教学出现两极分化的趋势。理论教学是获取知识的基础，另外，还要加强实践教学的比重，使学生真正将物理课程内容内化于心，提升知识应用能力。

二、基于科技创新的中职物理课堂教学质量提升措施

（一）整合教学资源，引入科技创新内容

中职教师应深入剖析和解读当下的物理教材，掌握其专业特性和中职教学特点，结合市场和岗位的发展趋势进行教材选择，或由学校物理教师和专业人员共同研发校本教材，融入科技创新的相关元素和内容，科学把控教材难度，使学生在学习过程中，能够结合自身实际和学校需求，整合相关教育资源，切实激发学生的学习主动性，更好地发挥教育的力量。发挥互联网的优势，以大数据技术为媒介，科学收集与中职物理课堂教学有关的资源或科技创新内容，筛选与主题相契合的内容。关注物理学科与学生实际生活存在的关系，提取具有典型性、真实性、生活性的案例和事件，将之渗透和融入物理课堂中。

例如，在进行"力"的知识点教学时，教师可引入生活中搬动重物或纸箱以及运动员举重的案例，引导学生从物理层面入手进行分析，了解实际生活中蕴含的物理知识。很多学生在实践过程中，难以看到问题的本质，因此在中职物理教学过程中，教师要引导学生通过现象看到本质，使学生通过生活中的实例掌握物理知识在生活中的运用，以及与生活息息相关的知识，促使学生真正将物理知识内化于心，并逐渐爱上物理、学习物理、实践物理知识。此外，教师还应考虑学生的个体发展与思维多样性，引入与物理教学有关的新理论、新思想、新概念、新方法，以及物理学家的故事、物理故事、趣味实验、科技研发等内容。通过引入多样化的教学模式，不仅能激发学生的学习兴趣，还能减少学生对中职物理课程的思维定式，引导学生以兴趣为出发点，提升学习的积极性，养成良好的学习习惯，优化学习方法，提升学习质量。提升学生的创新意识，鼓励学生从不同角度认知事物，分析相关概念和内容，并在科技创新的指导下有效开展问题探究，提高学生的自主学习意识和科技创新意识。

（二）创设教学情境，激活科技创新思维

中职学生的思维发展具有动态化特点，能够根据教师的教学内容，逐步形成自己的认知，在掌握物理知识的过程中还能提升物理素养。基于此，为了有效提升物理教学质量，教师可以借助信息化手段，对静态化的课堂教学内容进行转化，以更加直观的音频、视频、图片等形式呈现。通过创设情境的教育模式，不仅能够激发学生的科技创新思维，还能够提升学生的多方体验，使学生融入真实的物理情境中，提高课堂的参与度，更好地学习和掌握物理专业知识，提升物理技能和素养。中职物理教师应为学生提供更加优质的视觉和听觉体验，引导学生全面、立体地理解和学习物理知识，

提高学习效率。也可结合课堂教学主题，创设相应的物理教学情境，在教学视频中增加科技创新内容，设计具有关联性和导向性的问题，引导学生循序渐进地学习、分析、实践。

例如，在开展"功"的教学过程中，教师可为学生创设物理教学情境，引导学生观看"鲁智深倒拔垂杨柳"的动画，或向学生展示高层建筑工人利用绳子和滑轮运送沙袋、汽车刹车后向前行驶一段距离、搬石头搬不动、两人提着装满水的小桶在水平位置移动等视频，使学生将目光聚焦在课堂上，提高学习积极性。通过视频的形式展示生活中的实例，能够有效融入物理教学情境，展示生活中的物理知识，加强学生对生活的观察和了解，明白物理就存在于生活中，激发学生学习物理知识的兴趣，使学生养成主动探究的习惯和意识。结合视频内容提出问题：上述例子中哪些是力做功？哪些是力不做功？有什么特点？如何利用物理的方式描述功？做功的要素是什么？引导学生结合自身专业知识和生活经验，在情境指导下进行针对性的思考。为了使学生掌握功的大小这一知识点，教师可通过信息技术构建数据模型，让学生操作模拟的火柴人，运用不同方式推动木块。观察后，分别画出力与位移一致、力与位移不一致的示意简图，利用物理符号进行标示，有效推导出功的计算公式。还可以制作时长在 3 ~ 5 min 的微视频，分别向学生展示正功、负功、求总功等相关知识点，引导学生反复分析、揣摩、学习。学生在分析和探究的过程中，能够更加了解物理的意义和价值，提升物理学习的动力；将科技创新元素融入物理课堂教学中，能够使学生更好地利用掌握的知识和方法开展实践。

（三）加强合作实践，提升科技创新能力

在物理教学中，教师应引入小组合作学习模式，开展基于合作实践的物理课堂教学。在实践中穿插角色扮演、知识竞赛、物理创新成果展示、科技小发明等环节，动员和组织小组学生积极参与其中。教师应以组织者和引导者的角色参与课堂教学，并为学生实践提供理论指导、技术指导、经验指导。合作学习模式不仅是新时代的发展要求，同时也是课堂教学的发展方向，通过小组合作学习的模式，不仅能够激发学生主动探究知识的积极性，还能使学生主动参与到物理课堂学习中，提升对知识的探究能力和钻研能力。学生在小组合作学习过程中，提升了团队协作能力和科技创新能力，逐步提高了自身的物理知识素养，让物理知识服务于自己的专业技能，并运用专业技能更好地理解物理课程。在物理教学过程中，教师可以根据不同专业特点和需求调整综合实践活动的方向，灵活运用专业知识和技能，提升学生的学习能力，提高物理科学素养。

例如，针对机械和建筑类专业的学生，教师应在物理课堂教学中着重进行力学知

识的讲解，借助信息技术使专业和学科相互融合，开展基于机械基础和建筑力学知识的小组合作实践活动。通过实践活动的开展，使机械和建筑类专业的学生不仅能够通过物理课堂掌握机械基础的相关知识，同时也对建筑专业有了更加深入的认识，有效提升学生的专业技能和核心素养。在电工和计算机专业的课程教学中，应适当减少力学的理论教学比重，积极开展磁效应、电磁感应等实践活动。创新和改进传统单一的物理实验，充分发挥小组成员的优势和特长，共同完成实验操作，并就实验过程和结果进行有针对性的探讨和总结，最大限度地激发学生的探究能力和实践操作能力，不拘泥于课本知识，使理论知识有效指导实践，提升自身专业素养。教师应鼓励学生对实验提出一些猜想和假设，与小组成员共同探讨、合作、实践，通过实验进行验证和论证。还可以开展基于科技创新的物理课堂教学活动，结合教学目标确定相关主题，并以小组为单位积极进行策划和组织，勇于创新、大胆创造、积极实践，提升学生的实践技能，培养学生的创新精神，提高综合素质。活动后，展示优秀小组的物理科技创新成果，鼓励其分享自己的经验与心得，使学生将自己的思想和假设转化成科技创新成果，提高学生的科技创新能力。

教师应把握当下的中职物理教学发展趋势和方向，了解学生的知识体系和思维体系，立足物理课堂教学的实际环境和条件，引导学生积极思考，提升创新意识，改进学习方法。加强对不同层次学生的了解和关注，充分考虑其就业倾向和职业发展需求，为学生构建基于科技创新的物理课堂教学情境，运用信息技术提升课堂教学质量，采取针对性和科学性的方法开展物理教学。开展基于科技创新的综合实践活动，引导学生借助团队力量攻克实践难题，拓展知识面，了解学习物理知识的意义和价值，进而不断提升中职物理教学质量，提高学生的物理学科核心素养。

第四节　中职物理教学中学生动手能力的培养

对初中生来说，物理属于最新接触的一门学科，在学生步入中学以前，从来没有接触过物理这一学科，巨大的陌生感会让学生感到不知所措。同时，受物理这一学科性质的影响，物理属于理科，需要较强的理解能力以及逻辑思维能力，这会加大学生的学习难度，从而使物理这一学科成为学生的弱势学科。物理这一学科的学习确实存在一定的难度，但并没有学生想象中的那么难，只要教师正确引导、学生认真学习，一定能够攻克难关。所以，下面就初中物理教学中学生动手能力的培养展开论述。

动手能力是教师在教学过程中较为忽视的一种能力，在教学过程中，教师通常将注意力集中于带领学生提高成绩这一外力上，而不是集中在通过提高学生的学习能力从而促进学习成绩取得进步这一内力上，这也是大多数教师即使努力开展教学工作，但是教学成效并不乐观的重要原因。所以，教师应该将教学的注意力放在提高学生能力上，而不是提高教学工作上。而动手能力的提高很大程度上能够提高学生的学习能力，通过动手实践能够培养学生思维能力，激发学生的探索精神以及学生能够在动手实践的过程中感受到乐趣，从而增强对于物理这一学科的学习兴趣。所以，教师需要提高对学生动手能力的关注，为学生提供更多的动手实践机会，助力学生更好地学习物理这一学科。

一、注重筑牢基础

学生动手能力的培养属于一项实践内容，而实践活动开展的前提是要有理论性知识的支持，因此，要想学生在动手实践中表现良好、提高动手能力就需要教师帮助其巩固基础知识，使其在理论性知识的支撑下开展实践。所以，在上课过程中，教师需要尤其注重对于学生基础知识的训练，无论是想提高动手能力还是要提高卷面分数，都需要基础知识作为支撑。在上课过程中，教师对于基础性、理论性知识可以放慢讲解速度，使学生拥有一定的消化和吸收时间，在这一过程中，学生遇到不懂的问题一定要及时提出，教师则应耐心为学生进行解答。与讲解基础性知识配套的还应该有训练基础性习题，在一切准备完备之后，则可以带领学生进行动手实践。

例如，在学习声音的有关知识时，其中一章节的内容是声音的产生与传播，众所周知，声音不是在任何地方都能够传播的，声音的传播需要一定的介质，真空中就不能够传播声音，声音的传播是需要条件的。同时，声音的传播速度也受多种因素的影响，其中令同学们较为惊讶的是在不同的温度下，声音的传播速度也不相同。当教师提出这一论断时，大多数的学生可能会觉得不可思议或者不相信这一论断。实践是检验真理的唯一标准，为了使学生信服，教师可以组织学生自行开展一个小活动，这个活动需要至少4名学生才能够进行。首先，在中午最热的时候，两名学生可以保持一定的距离，由一名学生使用一定的分贝进行说话，在这一过程中，一名学生记录听到的时间，另一名学生记录说话学生的分贝。记录完成之后，几名学生可以转移到空调房里，再次进行测试，在测试时需要严格控制变量，变化的只是温度，学生之间的距离以及说话的分贝都要求一致，再次开展实验，再次记录相关数据，最后为了增强论断的可信度，学生可以调低空调温度，再次尝试。通过这一简单活动的开展，学生就会了解到论断的准确性，同时在这一过程中还培养了动手能力。

二、注重开展实验教学

实验教学是培养学生动手能力的重要部分，通过实验的开展，能够使学生清晰地认识到各种理论性知识的来源，同时，在开展实验的过程中，学生的动手能力也能够得到极好的锻炼。物理实验不像化学实验那样需要较多的化学药剂，相反，物理实验器材大多数情况下都是生活中较为常见的事物或者能够通过自身的努力动手制作出来，因此，在开展实验教学的过程中，教师可以鼓励学生自行制作实验器材。虽然自己制作的器材准确性以及质量都存在着不足，但是利用自制的器材进行实验，比利用制作精良的器材更能够激发学生的热情。

例如，在开展"天平测量"这一实验时，首先该实验需要使用到的实验器材有天平、砝码等，实验较为简单，主要需要学生掌握的知识点就是学会调节天平平衡以及学会读出物体重量对应的数值。其次就是一些较为琐碎的注意事项，如不能够用手拿砝码和调节天平，在实验的过程中全程需要使用镊子。教师在带领学生开展这一实验时，可以组织学生自行制作天平，天平的制作方法也较为简单，只需要使两边托盘保持平衡即可。最后可以选取重量相同的物品作为砝码来称量物体的重量，通过学生自己制作的天平来称量物体虽然不能够得到精准的数值，但是可以使学生在动手制作实验器材的过程中感受到快乐。同时，也传递了一种日常生活中处处存在物理知识的理念，使学生明白知识来源于生活。

三、注重立足于生活实践

知识来源于生活，任何知识都能够在日常生活中得到验证并应用于日常生活，所以，教师需要使学生用心观察日常生活中的物理现象。教材中的内容大多为枯燥乏味的理论性知识，但是生活中的现象则较为生动形象，能够使学生产生新奇感，也便于理解与之相对应的理论性知识。在物理教材中对于光的折射、散射以及反射现象运用一大段专业术语对其进行解释，使得学生难以理解，并不能够较好地区分这三种现象，而如果教师对学生说观察到水中的筷子发现了弯折这一现象就是光的折射时，学生脑海中会形成画面感，同时对于光的折射这一定义也能够较好的理解，所以，教学过程需要立足于生活实践，同时，在观察生活的过程中，同样能够培养学生的动手能力。

例如，在学习水的压力及压强这一知识点时，其中涉及一个实验就是液体压强实验，在做这一实验时，需要极其精良并且专业的设备，在大多数情况下教师不会带领学生开展这一实验。实验过程的缺失就会导致理解程度的不到位，因此，为了达到和开展实验同样的教学效果，教师可以带领学生开展简易实验。首先，让学生用盆子端一盆水，其次让学生手上套上塑料袋，由浅入深地将手伸进水中，在手逐渐深入的过程中，学生明显地感受到塑料袋依附在手上并且手上会有明显的被挤压的感觉。这一实验就是简易版的液体压强实验，而学生感觉到塑料袋依附在手上以及感觉到手的挤压感就是由于液体压强导致的。通过简单的一盆水和一个塑料袋，学生就探索出了液体压强的规律，这在培养学生动手能力的同时也增强了学生的理解，因此，教师需要注重对于学生动手能力的培养。

四、注重开展引导式教学

初中生正处于叛逆期，不仅是心理上的叛逆期，同时也是学习上的叛逆期，在这一阶段，学生的表现较为懒惰，如果缺少教师的督促，那么学生自主探索知识的欲望就会较为缺乏，缺少探索精神也使得学生的成绩一直不能够获得较大突破。教师能够讲解的知识是有限的，教师的讲解不能够脱离教材内容，在讲解教材基础内容的基础上进行延伸，从而讲解一些难度较高的内容。而出题人的出题模式却是无限的，在众多的卷子中，几乎很少出现重题的现象，即使考查的是两个同样的知识点，只要出题人更换一种表达方式，对学生来说就是一道从未接触过的新题，导致仍然不能够通过自身的努力解答出来，仍然需要教师后续的讲解。为解决这一问题，教师就要注重对学生进行引导，激发学生的探索精神以及求知的欲望，可以通过带领学生开展动手实践这一过程来达到这一目的。

例如，在学习密度这一知识点时，如果利用同一空间内所占原子的多少来向学生解释，学生可能很难理解，所以，教师需要调整教学方式，将困难的知识简单化，将困难的理论简单化。为了向学生详细介绍密度这一原理，教师可以准备几杯水，再准备糖、食用油等一些实验器材，首先，让学生将糖倒入水中，可以很清楚地观察到糖在进入水中后，很快就会融化消失，随之杯子中的水甜度会上升，这就是糖溶于水了。采用相同的方法，当学生将油倒入水中时，会发现油并不能够与水完全融合，反而漂浮在水面上方，即使使用筷子搅拌也不能够使油与水进行充分的融合，这就是由于油的密度比水小，所以油不能够溶于水。在经过这两项比对之后，学生可能会产生好奇心，会想尝试比较其他事物的密度大小，此时教师可以充分尊重学生的意愿，为其准备相应的器材，在教师长期的引导之下，学生将会养成创新性思维，并在出现一种想法之后能够积极动手进行实践。

五、注重开展小组合作

在培养学生的动手能力时，经常需要学生实际操作一些实验，部分实验较为简单易于操作，学生可独立完成，而部分实验难度较大且操作步骤烦琐，单纯依靠学生自身的力量难以完成，此时就需要教师为学生进行分组。在开展难度较大的实验过程中，以小组为单位进行操作，不仅能够锻炼学生的动手能力，同时还可以锻炼学生的团结协作能力。

例如，在学习音调音色的有关知识时，教师可以为学生布置一项手工作业——自制乐器，使用材料以及乐器形式不限，可以以小组为单位开展集体制作，最后将会有各小组之间的比拼环节，评选出乐器制作音调以及音色最为准确的一个小组。制作乐器的材料众多，可以使用奶茶的吸管、柳树的树皮等，这就需要学生充分发挥想象力，考验学生的动手能力。

综上所述，动手能力是一项较为重要的能力，是学生较为缺乏的一种能力，同时也是学习物理这一学科时较为关键的能力，所以，教师需要重视对于学生动手能力的培养，可以通过筑牢学生基础、开展实验教学、立足于生活实践、开展引导性教学以及开展小组合作等方式帮助学生提高动手能力。

参考文献

[1] 靳玉乐 . 新课程改革的理念与创新 [M]. 北京：人民教育出版社，2003：27-36.

[2] 梁金荣，张书强，郑英 . 中职生物理学教学的现状与对策研究 [J]. 成都中医药大学学报（教育科学版），2018（2）：51-53.

[3] 申小海 . 论中职教育中物理教学的改革与思考 [J]. 江西电力职业技术学院学报，2018（3）：36-37.

[4] 张文秀 . 新课改下中职物理教学模式分析 [J]. 江西电力职业技术学院学报，2018（4）：41-42.

[5] 张春花 . 中职院校物理教学思考 [J]. 软件（教育现代化）（电子版），2018（9）：141.

[6] 高洁 . 试论提升中职物理课堂教学魅力的途径与策略 [J]. 知识文库，2022（2）：61-63.

[7] 吴学飞 . 中职物理教学应用理实一体化模式的思考与实践 [J]. 知识窗（教师版），2021（12）：32-33.

[8] 刘洋 . 基于任务型教学模式在中职物理课堂教学中的研究与实践 [J]. 山西青年，2021（23）：189-190.

[9] 霍艳颖 . 中职物理教学与信息化技术的结合 [J]. 天津职业院校联合学报，2021，23（11）：56-59.

[10] 周哲需 . 任务型教学模式在中职物理教学中的应用 [J]. 新课程研究，2021（32）：50-51.

[11] 袁敏 . 中职物理课堂教学中探究式教学模式的探讨 [J]. 中学课程辅导（教师教育），2021，(11)：70-71.

[12] 王美芳 . 现代信息技术在中职物理教改中的应用研究 [J]. 职业，2020，(19)：32-33.

[13] 薛建新 . 探究物理教学中学生科技创新意识的培养 [J]. 中学生数理化（教与学），2020，(4)：30.

[14] 周良锋 . 浅谈微课在中职物理教学中的作用 [J]. 读写算（教师版），2015，(38)：296.

[15] 李耀伟. 微课在中职物理教学中的作用 [J]. 西部素质教育，2016，2(19)：98.

[16] 童红明. 构建理论下的中职物理微课教学模式探析 [J]. 才智，2015，(16)：229.

[17] 张伟. 探究性学习在农村初中生物实验教学中的运用 [D]. 济南：山东师范大学，2010：22-35.

[18] 冯卫琴. 呼和浩特市普通中学初中生物探究实验实施现状的调查分析 [D]. 呼和浩特：内蒙古师范大学，2010：1.

[19] 宋玉峰. 探讨新课标下如何做好高中物理实验教学 [J]. 文理导航（上旬），2012，(16)：1.